BEST SELLER

JACOBO GRINBERG-ZYLBERBAUM

EL CEREBRO Y LOS CHAMANES

DEBOLS!LLO

El papel utilizado para la impresión de este libro ha sido fabricado a partir de madera procedente de bosques y plantaciones gestionadas con los más altos estándares ambientales, garantizando una explotación de los recursos sostenible con el medio ambiente y beneficiosa para las personas.

El cerebro y los chamanes

Primera edición en Debolsillo: septiembre, 2025
Primera reimpresión: diciembre, 2025
Segunda reimpresión: marzo, 2026

ISBN: 978-607-386-277-6

Impreso en México – *Printed in Mexico*

ÍNDICE

JACOBO GRINBERG-ZYLBERBAUM: EL QUIJOTE DE LA CIENCIA

Por Emiliano Ruiz Parra

Jacobo Grinberg nació el 12 de diciembre de 1946 en la Ciudad de México, en una familia de inmigrantes que habían escapado de las persecuciones antisemitas en Europa del Este. Estudió Psicología en la Universidad Nacional Autónoma de México (UNAM) y un doctorado en Neurociencias en la Universidad de Nueva York.

Jacobo Grinberg es uno de los mexicanos más desafiantes de la segunda mitad del siglo XX. Eligió el cerebro humano como tema de investigación y se propuso responder a la pregunta de dónde proviene *la experiencia*, es decir, cómo se construye la realidad en la mente. Esa respuesta lo llevó a formular la *teoría sintérgica* (*sintergia*, neologismo derivado de *síntesis* y *energía*), de la que se hablará más adelante.

Grinberg fue un hombre de ciencia, obsesionado con las mediciones objetivas y puntuales, los experimentos y las comprobaciones de laboratorio. Esa obsesión, sin embargo, no le impidió cruzar fronteras: conoció y divulgó los supuestos dones de los chamanes indígenas como Pachita, que realizaba trasplantes de órganos con un cuchillo de monte. Se tomó en serio las escuelas místicas, en especial la cábala judía y el budismo tibetano; estudió y practicó la meditación y el yoga. Sus intereses intelectuales quedaron registrados en más de 50 libros. Fue un autor prolífico que lo mismo escribió textos científicos que cuentos, novelas y una autobiografía.

En diciembre de 1994 Jacobo Grinberg desapareció. Nunca fue localizado y las autoridades no obtuvieron mayores pistas de su paradero ni de los posibles responsables de su secuestro. Su repentina ausencia provocó, primero, una temporada de olvido. Grinberg no era bien visto por la comunidad científica de su época y durante años había soportado acusaciones de charlatanería y falta de rigor científico. Con el tiempo, sin embargo, se ha formado un público dispuesto a las propuestas del doctor Grinberg. Quien se aventure a leer sus libros encontrará a un autor audaz, a un científico que cruzó fronteras y, sobre todo, a un ser humano que buscó la libertad en cada palabra escrita.

El ortodoxo

Antes de convertirse en un científico de mente abierta, Jacobo Grinberg fue un hombre de normas y estructuras tradicionales. Cuando era joven, escogió como mentor al profesor más rígido y exigente de la carrera en Psicología: el médico y neurofisiólogo Héctor Brust Carmona. "Se convertiría en la influencia más importante de mi vida —escribió el propio Grinberg—, mi ser reconocía en Brust la figura paterna que mi inconsciente anhelaba".

En los sesenta los estudios de psicología habían surgido dentro de la Facultad de Filosofía y Letras de la UNAM, que bullía entre movimientos de izquierda, pensadores existencialistas y jóvenes en pleno despertar político y sexual. El plan de estudios incluía materias más duras, como la psicofisiología, y los estudiantes debían caminar a la Facultad de Medicina a tomarlas. Entre esos profesores estaba Brust Carmona.

"Me burlaba de las emociones, considerándolas muestras de debilidad —escribió Grinberg en su autobiografía *La batalla por el templo* (1991)—, el impulso a ser admitido me perseguía siempre". Después de rigurosos exámenes, el joven Grinberg entró como aprendiz al laboratorio que dirigía Brust Carmona y se vestía siempre de bata, traje y corbata. Tanto en el laboratorio como en su vida matrimonial "todo debía vivirse de la misma forma, sin desviación alguna", recordó después. El joven Jacobo —al igual que Brust Carmona— estudiaba el núcleo caudado del cerebro: justo la parte del órgano que regula el control.

En esa época se aceptaba y practicaba la experimentación con animales. En el laboratorio de Brust lo hacían, sobre todo, con gatos. Se les abría la cabeza, se les conectaban ánodos y cátodos en el cerebro, y se les estimulaba con proteínas. Lizette Arditti, quien fue su primera esposa, me cuenta que el examen profesional de Jacobo provocó conmoción. Llevó a un gato con electrodos en la cabeza. El auditorio se crispó cuando el michi enseñó los colmillos después de que le estimularon la amígdala (un núcleo subcortical en el cerebro). En ese entonces, escribió Grinberg, "solo aceptaba los resultados de experimentos controlados". Aprendió a dominar las artes quirúrgicas, el registro encefalográfico y el método experimental. Y comprendía la física cuántica, central para sus teorías de madurez.

Y llegó 1968, ese año que subvirtió a las juventudes en diversas ciudades del mundo y, por supuesto, en la Ciudad de México. Para ese entonces, Jacobo ya empezaba a cuestionarse sus ideas sobre la vida. Y dio el paso: al igual que cientos de miles de jóvenes universitarios, se sumó al movimiento estudiantil. "Me gustaban las normas —reflexionó después— pero también empezaba ya a anhelar un cambio de estructuras". La tarde del 2 de octubre tenía planeado acudir a la marcha a Tlatelolco, pero uno de los gatos del laboratorio sufrió una crisis y Jacobo pasó horas dándole respiración de boca a boca y eso le impidió llegar a la marcha que devino en masacre. En los días que sucedieron a la matanza de las Tres Culturas, Jacobo acudió a cuidar a los gatos en medio de una universidad tomada por los soldados.

"Empecé a sentir una necesidad imperiosa de libertad y todo el control que me había impuesto comenzó a resquebrajarse, dentro de mí hervía la inquietud y el deseo de algo desconocido". Su atuendo sufrió cambios: guardó la corbata y comenzó a usar guayaberas, mezclilla y tenis.

La madre

Hay un tópico que se repite en los textos acerca de Jacobo Grinberg: el impacto que le provocó la muerte de su madre. El niño Jacobo tenía 10 años y cuidó a su mamá en su agonía, en la casa familiar de la calle Sócrates, en la colonia Polanco. Él mismo se pregunta si esa orfandad lo llevó a estudiar el cerebro, pues su madre falleció de un tumor cerebral.

"Yo pasaba mucho tiempo solo cuidando a mi mamá; pensaba yo mucho y pensaba en las distintas dimensiones del mundo", le contó a su amigo Juan José Sánchez Sosa.

Sin ese cimiento que era Estusha Zylberbaum, la familia quedó a la deriva, en manos de un padre violento y de una nana, Petra, que cuidó a los pequeños hermanos Nathán, Jacobo y Gerardo Grinberg, de acuerdo con el relato autobiográfico del propio Jacobo.

En un ambiente doméstico sofocante, Jacobo Grinberg se matriculó en la licenciatura en Física en la Facultad de Ciencias de la UNAM. Y se inscribió en un grupo sionista: quería emigrar a Israel. En ese grupo conoció a Lizette Arditti. Jacobo, recuerda Arditti, era un muchacho lector y muy intelectual, que desde entonces lucía una larga y cerrada barba negra. En unos meses se instalaron como trabajadores agrícolas en un kibutz a escasos 500 metros de la Franja de Gaza —uno de los kibutz atacados por Hamas el 7 de octubre de 2023.

"Descubrimos el amor con mucha libertad. No estaban nuestros padres para decirnos así sí o así no. Era una exploración hermosa y muy libre", recuerda Arditti más de medio siglo después. Arditti lo sigue llamando Jaco, como le decía de cariño cuando eran novios.

Un año después, Grinberg volvió a México. Su padre había tenido otro hijo con una nueva esposa: un niño "que era una hermosura", como recuerda el propio Grinberg. Ese pequeño se convertiría en el célebre actor Ari Telch. Arditti regresó también a la casa de sus padres, en Guadalajara. Jacobo la visitaba cada que podía. El propio Grinberg cuenta en sus páginas autobiográficas que era tímido y se quedaba callado en las comidas con sus suegros. Pronto abandonó la física porque reparó que las matemáticas no eran su fuerte, se matriculó en la carrera de Psicología y consiguió trabajitos como ayudante de maestro y auxiliar de laboratorio. Su amigo y también estudiante de Psicología Juan José Sánchez Sosa recuerda que ambos trabajaban en el laboratorio de la Preparatoria 4, al poniente de la Ciudad de México. Con una mínima autonomía económica, el 25 de septiembre de 1968 Jacobo y Lizette se casaron en la sinagoga de la calle Monterrey, en la colonia Roma de la Ciudad de México. Lo celebraron con un brindis en la casa de los padres de Arditti, que se habían mudado a la Ciudad de México. En 1971 nació Estusha Grinberg, la única hija de Jacobo y Lizette.

Jacobo era un muchacho bajito y regordete de —más o menos— un metro sesenta de estatura. "Un osito", como lo recuerda Juan José Sánchez Sosa. Un joven de buen sentido del humor, que contaba chistes.

"Lo recuerdo muy claramente como alguien excepcionalmente despierto. Muy perceptivo. Era optimista y muy cercano interpersonalmente. Ponía mucha atención a lo que estaba uno diciendo, lo pensaba, lo comentaba e interactuaba a partir de eso", me dice Sánchez Sosa en su laboratorio de la Facultad de Psicología, de la que es profesor emérito.

Grinberg empezó a cuestionarse ideas incluso desde su propia vida personal.

"Abrazaba a Lizette, pero soñaba con otras mujeres", escribió Grinberg en su autobiografía.

"Era todo muy lindo hasta que Jacobo empezó a despertar a otras mujeres", me cuenta Arditti. Jacobo trató de convencerla de tener una relación abierta. "Yo no pude con eso. Me dije: tengo que hacerle caso a mi corazón, no a las ideas. Y ahí hay una separación contundente y Jacobo agarra su camino".

En *La batalla por el templo* Grinberg cuenta sus múltiples búsquedas que lo llevaron a romper con maneras de ser y de pensar que había aprendido de su rígida madre y de los maestros del Colegio Israelita. Grinberg amó profundamente a las mujeres. A su hija Estusha, sobre todo, y a Lizette mientras fue su pareja. Los enamoramientos de Grinberg eran como erupciones volcánicas. Se fascinaba por una mujer y la amaba locamente unas semanas; luego llegaba el aterrizaje a la realidad, empezaban los pleitos constantes y Grinberg se sentía agobiado.

"Siento que no era muy maduro en la parte afectiva", me dice Arditti en entrevista.

La pareja intentó una reconciliación. Grinberg se fue a estudiar el doctorado a la Universidad de Nueva York, al laboratorio de Estudios del Cerebro, que dirigía Roy John. En Nueva York, Grinberg experimentó un despertar intelectual y empezó a forjar sus más revolucionarias ideas. Lizette y la pequeña Estusha lo alcanzaron y retomaron la vida familiar. Pero a las pocas semanas ocurrió lo mismo: Jacobo se sintió "en una prisión" y la pareja se separó por segunda vez. El viaje, sin embargo, fue provechoso para ambos. Lizette hizo una maestría en Psicología Humanista y descubrió su segunda vocación, la pintura. Aun después de separarse, Grinberg le llevó a Arditti cada uno de sus más de 50 libros. Sabía que ella los leería y comprendería.

Años después, Grinberg reflexionaría acerca de su rompimiento con Arditti: "Lizette era mi amiga, hermana y esposa, y ambos nos sosteníamos a la perfección. Solamente cuando se pierde una relación así se percibe lo maravillosa que era".

La teoría sintérgica

Los chamanes indígenas, los lamas tibetanos, la cábala judía. Grinberg les dedicó atención y escribió sobre ellos como ningún otro investigador mexicano de su época. Pero fue más lejos, en busca de explicarse la conciencia terminó por ofrecer una teoría del cosmos. Grinberg se preguntó cómo se forma *la experiencia*: aquello que los seres humanos percibimos y conocemos como la realidad:

"Jacobo quería entender el mundo consciente: lo que vemos, tocamos, saboreamos, sentimos. A Jacobo le interesaba el hecho de que nosotros estamos conscientes y podemos hacernos preguntas como de dónde vienen los átomos, cuál es el origen de la vida, y otras", me dice Manuel Delaflor, quien fuera su discípulo durante seis años.

Grinberg pronto se dio cuenta de que no existía una dicotomía entre la realidad y nuestra percepción, o entre la materia y la idea que tenemos de esta. Ambas eran una sola cosa y había que entenderlas como una unidad. O mejor aún, como *la Unidad*.

Y para explicarlo ofreció la teoría sintérgica.

El universo —propone esta teoría— está conectado a través de la *lattice* (celosía, enrejado), una matriz, constituida a nivel cuántico, que contiene toda la información del universo. La lattice contiene la misma información en todos y cada uno de sus puntos. Lo que nosotros conocemos como realidad es el resultado de la interacción entre la lattice y nuestro campo neuronal. Pero el ser humano no es un receptor pasivo de la lattice. La conciencia no solo recibe la información. También participa de ella. Al hacerlo, la altera y la modifica.

"Cuando la energía se concentra de cierta forma en el cerebro se produce lo que él llama un campo neuronal, que interactúa con la lattice o matriz básica del espacio, y de esta interacción surge el mundo que vemos. ¿Cómo se crea la experiencia? Es la distorsión producida por la actividad cerebral —me explica Delaflor—. Sí existe un mundo material, pero lo que nosotros percibimos está mediado por esta interacción. Lo que percibimos está construido, no está dado".

El cerebro, para Grinberg, es una estructura *similar* a la lattice: un cuerpo orgánico cuyos 12 mil millones de neuronas se conectan por medio de los axones. El cerebro, dice Grinberg, es un espejo donde se refleja la lattice. Y el órgano capaz de decodificarla por medio de un proceso que llamó la *neuroalgoritmización*.

Durante meses, Grinberg estuvo presente en la sala de operaciones de Bárbara Guerrero, *Pachita*. ¿Cómo debe reaccionar un científico ante lo que veían sus ojos? Grinberg cuenta que Pachita sacaba tumores o transplantaba órganos sanos después de extirpar riñones o pulmones enfermos. Lo que más interpelaba a Grinberg era que, de la nada, aparecían en las manos de la chamana un riñón, un pulmón o un pedazo sano de cerebro que injertaba en los cuerpos de sus pacientes.

Grinberg se explicó esos milagros por medio de su teoría sintérgica. Decía: el cerebro de Pachita es capaz de alterar la lattice. Por eso el interés de Grinberg en estudiar los cerebros de los chamanes mexicanos y los lamas tibetanos.

"Lo voy a explicar en términos especulativos: si el cerebro construye el mundo que vemos, ¿qué pasa si nos encontramos con un cerebro que no procesa el mundo como los demás? El chamán aparentemente tiene capacidades que le permiten hacer predicciones o curaciones de formas que no son entendidas de manera convencional porque su conciencia es distinta: distorsionan de otra manera la base del espacio y, por lo tanto, tienen habilidades que otros no tienen. El interés de Jacobo, más que antropológico, era 'necesito encontrar cerebros que no funcionan como los cerebros convencionales para ver si la teoría tiene sustento'", dice Delaflor.

"Todos nuestros pensamientos están interrelacionados [...] muchos ni siquiera son nuestros, sino que vienen del colectivo", anotó Grinberg. En busca de huellas medibles de la interacción entre el cerebro humano y la lattice, pensó en el concepto *potencial transferido*. Quería saber si los cerebros de dos personas podían comunicarse. El experimento era sencillo: dos personas se encontraban y conversaban. Después, metía a cada uno a una cámara de Faraday, en donde no tenían ningún tipo de contacto. Ahí, estimulaba solo al sujeto A. Quería saber si el cerebro del sujeto B, en ese mismo momento, registraba una variación eléctrica medible por los aparatos. Según el periodista Sam Quiñones —que escribió sobre Grinberg tres años después de su desaparición—, sus resultados fueron positivos en el 25 por ciento de los casos.

"Para la ciencia son casualidad. Como no se ha logrado replicarlo con un nivel estadístico confiable, la comunidad científica lo ha eliminado de sus áreas de experimentación", escribió Leah Bella Attie (*Alicia en el país de la conciencia*). Attie era la colaboradora de Grinberg que estaba a cargo de los experimentos de potencial transferido a la desaparición del investigador.

La teoría sintérgica no se tomó en serio. "Me siento como excomulgado, viviendo al margen de la sociedad, [ese ha sido] el precio a pagar por no someterme al paradigma imperante", escribió Grinberg en *La batalla por el templo*.

Meses antes de desaparecer, Grinberg recibió a un reportero. Le dijo que sus investigaciones tenían tres vertientes: el enfoque neurofisiológico, que desarrollaba en el laboratorio; el enfoque chamánico, que se hacía en el trabajo de campo, y el estudio de las distintas escuelas místicas. "Lo acusan de charlatanería", lo provocó el reportero. "La ciencia se define por su método, no por sus temas", replicó el psicofisiólogo.

Sam Quiñones hace una bella síntesis de la sintergia: "La teoría por la que Grinberg llegó a ser conocido reflejaba su personalidad. Basándose en la física y en sus experiencias con curanderos, un poquito de Einstein, un poquito de doña Pachita, su mensaje esencial era cálido y esperanzador: toda la humanidad está interconectada. Grinberg pasó casi toda su vida de adulto tratando de probar esta idea. Si tuvo éxito o no es un debate que continúa en su ausencia".

El laboratorio

Así lo describe Manuel Delaflor: "Entrabas y había un espacio de oficina con el escritorio de Jacobo enfrente de una ventana. Había libreros por todos lados y podíamos sentarnos ahí ocho o diez personas con sillas alrededor del escritorio. Luego un pasillo, otra computadora y varios estantes y aparatos de registro electroencefalográfico. Después venía un baño independiente y una cámara de Faraday en donde podía la gente entrar y estar aislados electromagnéticamente del entorno".

Leah Bella Attie y Amira Valle tenían poco más de 20 años cuando trabajaban con Jacobo Grinberg. Ellas han escrito un libro para rescatar sus memorias y los trabajos científicos que hicieron con la dirección de su maestro. Se llama *Alicia en el país de la conciencia* e hicieron una edición de autor en 2014. Ellas conocieron a Jacobo Grinberg cuando él estaba en la cuarta década de su vida. Grinberg ya había desarrollado sus principales teorías. Era consciente de la heterodoxia de sus planteamientos y del rechazo que provocaban en los científicos institucionales.

En el volumen, Attie y Valle cuentan que cuando Jacobo Grinberg llegaba enojado al laboratorio "su energía era tan fuerte que las computadoras paraban o no prendían. Teníamos que poner las manos encima para que se calmaran como si fueran cachorritos". Por el contrario, cuando Grinberg estaba feliz y entusiasmado, "el hipercampo del laboratorio cambiaba" los aparatos funcionaban a la perfección.

Jacobo Grinberg dirigía el laboratorio número 23 de la Facultad de Psicología de la UNAM, el cual obtuvo cuando lo nombraron coordinador de la maestría en Psicobiología. Allí pasaba la mayor parte de su tiempo. "Tenía cámaras de Faraday, electroencefalógrafos, equipos para inducir sonidos con bocinas; tenía registros psicofisiológicos, tasa cardiaca, pletismógrafo para respiración, [medidores de] temperatura distal periférica", recuerda Juan José Sánchez Sosa, quien, en la década de los noventa, era director de la Facultad de Psicología. La cotidianidad se desarrollaba entre computadoras, plumillas y papel de electroencefalograma.

"Jacobo era muy entusiasta y podía ser muy convincente y elocuente con las personas correctas. En la UNAM nosotros teníamos siempre las mejores computadoras antes que nadie. Era el mejor laboratorio", recuerda Delaflor.

Celebraba reuniones semanales cada viernes a las tres de la tarde. Attie y Valle cuentan que era una delicia intelectual. Discutir los proyectos de trabajo, los hacía hablar de filosofía, ciencias y disciplinas orientales. Y no tuvo problema en aceptar entre sus colaboradores al "genio autodidacta" —así lo llamaba— Manuel Delaflor, quien carecía de títulos y diplomas.

Jacobo Grinberg también se postulaba a diversas convocatorias del Conacyt y la UNAM para obtener becas para los 15 colaboradores que llegó a tener el laboratorio.

"No existían los buscadores [de internet], pero Jacobo era muy diestro buscando y encontrando qué fundaciones financiaban proyectos. Alguna vez me dijo 'no tienes idea de la cantidad de dinero que nadie usa porque nadie responde a las convocatorias'. Él conseguía dinero del Conacyt, que ya existía, con relativa facilidad", recuerda Sánchez Sosa.

Al laboratorio acudían lamas tibetanos, chamanes indígenas, cabalistas judíos, pacientes operados por Pachita. Grinberg los invitaba a que entraran a la cámara de Faraday, a ponerse gorritos con electrodos en la cabeza y medirles el *potencial evocado* y el *potencial transferido*, conceptos centrales en las investigaciones del equipo. El laboratorio era el epicentro, pero los investigadores salían a confrontar sus hallazgos. Delaflor recuerda que acompañó a su maestro a ver a luminarias contraculturales de su época como Carlos Castaneda —el autor de *Las enseñanzas de don Juan*— o el muy excéntrico jesuita Salvador Freixedo, experto en ovnis.

"Jacobo daba batallas frontales para defender el laboratorio de despiadados ataques", escribió Amira Valle. Ataques que provenían de "el grupo de neurofisiólogos que no podía aceptar que un miembro de su comunidad hubiese cambiado radicalmente el enfoque, alejándose de la ortodoxia". Por esas épocas, Grinberg dirigía el curso de meditación en el auditorio de la facultad; tenía la cátedra de Mecanismos de la Memoria, y además daba un seminario con especialistas, con quienes discutía temas diversos.

"Cuando empieza a describir estas otras experiencias que parecían no tener explicación, una gran cantidad de la comunidad científica de la UNAM y de afuera dijeron 'es otro charlatán, ya está hablando de cosas raras, no está haciendo ciencia', pero Jacobo nunca dejó de usar el laboratorio con la metodología apropiada", recuerda su amigo y colega Sánchez Sosa.

"Cerramos los jueves", decía un letrero pegado en la puerta del laboratorio. Leah Bella Attie descubriría que los jueves Jacobo Grinberg se dedicaba a meditar, hacer yoga y profundizar en prácticas orientales. Leah quiso sumarse, después uno y otro colega de su equipo se fueron animando hasta que los jueves se convirtieron en el día en que varios integrantes del laboratorio viajaban a la cabaña que Grinberg tenía en algún lugar de los Altos de Morelos. Allí les enseñó yoga, meditación autoalusiva, Prana Yana (una técnica de respiración) y caminatas de conciencia: a cada paso tocarse un dedo y decir za-ta-na-ma... "Era ver al académico transformarse en nuestro maestro espiritual", escribió Attie. "Durante un tiempo, cada jueves, ahí íbamos a hacer meditación. La cabaña estaba en medio del bosque y no tenía agua ni luz, ni nada", dice Delaflor.

Era una época sin internet ni celulares. Las cartas se recibían por fax y se imprimían en ruidosas impresoras de puntos. No había teléfono adentro del laboratorio y, cuando Grinberg tenía llamada, Leah era la responsable de salir corriendo a contestar el teléfono.

Algunos colaboradores se ganaron el mote de "los cuatro sintérgicos". Uno de los sueños de Grinberg era establecer el Instituto Nacional para Estudios de la Conciencia (INPEC): un espacio donde integrar sus búsquedas científicas y espirituales: continuar con sus investigaciones y también enseñar meditación y yoga. Pero sobrevino su desaparición a fines de 1994 y sus proyectos quedaron en vilo.

Las fronteras

Jacobo Grinberg cruzó las fronteras de la ciencia. Experimentó con la ouija, el I-Ching, la astrología y la cábala; creyó en la *visión extraocular* (ver sin los ojos) y enseñó a los niños a practicarla. De acuerdo con sus escritos, alguna vez logró levitar; rememoró 12 vidas pasadas y al menos dos veces *mudó de cuerpo.* Fue a Costa Rica a buscar señales de la Atlántida, el continente perdido, acompañado de chamanas de ese país. Cuando Grinberg escribió sus libros la contaminación del aire en la Ciudad de México era ya insoportable. Según su propio testimonio, no se quedó cruzado de brazos: con ejercicios de respiración y meditación limpió la atmósfera de algunas de las manzanas a la redonda. Luego se comunicó a la Secretaría de Ecología (*sic*) para ofrecer su técnica y fue cortésmente desairado.

Pero acaso su experiencia más audaz la vivió junto a Bárbara Guerrero, *Pachita*, la chamana que hacía transplantes de órganos con un cuchillo de monte. Grinberg atestiguó decenas, acaso cientos de operaciones de pacientes que llegaban desahuciados y se iban felices, sanos y curados. Pachita —cuenta Grinberg— entraba en trance y el espíritu de Cuauhtémoc, el último emperador azteca, tomaba el cuerpo de la chamana. Grinberg se dirigía a Pachita como "Hermano", porque en realidad le hablaba a Cuauhtémoc, con quien conversaba en los intervalos entre paciente y paciente.

"Supe que yo estaba ahí no para fundar un instituto [de estudios de la conciencia] sino para establecer un puente de unión entre Cuauhtémoc y Quetzalcóatl [...] Cuauhtémoc me animaba a escribir en un lenguaje florido [...] me contaba de su vida de emperador y de la terrible conquista a la que fue sometido él y su reino", cuenta el propio Grinberg. "Publiqué un libro sobre Pachita y mis colegas de la UNAM pensaron que había enloquecido", recordó después.

En la India fue a buscar a un gurú de 800 años de edad, pero llegó tarde: había muerto tres días antes. En México buscó al chamán don Panchito, menos longevo, pero que llegó a los 130 años. También estuvo en busca de las huellas históricas del indio yaqui Juan Matus, el sabio de *Las enseñanzas de don Juan*. Se convenció de su existencia histórica y absorbió sus ideas por medio de los libros de Carlos Castaneda.

"Comencé a sospechar que las ideas que yo suponía mías en realidad me habían sido dadas por don Juan desde el otro mundo [...] mi campo neuronal había logrado interactuar con don Juan en alguna zona de la lattice".

He hecho una enumeración de algunas de las fronteras intelectuales que Grinberg cruzó, y que él mismo contó en el delicioso volumen autobiográfico *La batalla por el templo* (1991). Lo dicho aquí con prisa y trivialidad posee, en realidad, un atrevimiento que el lector solo encontrará cuando lea los libros de Grinberg.

Su audacia intelectual más seductora tiene un giro borgiano o de cuento de Philip K. Dick. Cuenta Grinberg que, en los años cincuenta, un inmigrante europeo llegó a una universidad norteamericana a dictar conferencias sobre la conciencia. Se le conocía como el Viejo. Convocó a sus estudiantes más comprometidos a apartarse a una vida de reflexión en una reserva indígena. Ahí, el maestro llegó a un grado tan elevado de meditación que un día se esfumó entre los árboles. Ese maestro se llamaba —coincidentemente— Jacobo *Albert* Grinberg-Zylberbaum.

Décadas después, uno de los discípulos del Viejo encontró los libros de Jacobo Grinberg —el mexicano—, y notó que coincidían punto por punto con las enseñanzas del viejo Albert. Grinberg —el joven— se pregunta si acaso el espíritu del Viejo lo ha tomado y guiado desde su infancia, específicamente desde un momento crucial: la muerte de su madre, Estusha. "¿Era Albert el arquitecto del plan y yo una simple herramienta en sus manos para realizar sus deseos?", se pregunta. Acerca de aquel hombre "de vez en cuando recibo noticias confirmatorias de su existencia y de su conexión misteriosa con la mía".

Sin embargo, dice Delaflor, Jacobo siempre renegó de que lo tildaran de *parapsicólogo*. "Esto es ciencia", decía.

Y nunca, recalca su amigo Sánchez Sosa, nunca Jacobo Grinberg perdió contacto con la realidad. Era reticente al consumo de alcohol y drogas. Nunca alucinó ni oyó voces.

"Buscaba la explicación científica para aquello que no parecía científico. Siempre regresaba a la metodología científica, principalmente la metodología experimental. Le alborotaba la mente el encontrar un puente entre lo que había visto aparentemente sin explicación ninguna y lo que sabíamos de neurofisiología y psicofisiología", afirma.

El hobbit

"De lejos parecías un hobbit de Tolkien, bajito, regordete", le escribe Amira Valle. Poseía una bella voz de tenor. En la intimidad —me cuenta Estusha Grinberg— le gustaba cantar arias de ópera. Acumulaba frascos de vitaminas y las consumía seguido, y en las paredes colgaba collages de fotografías de sus viajes, en particular sus retratos con lamas o chamanes. Le gustaba la comida judía, pero en la cotidianidad lo recuerdan comiendo en el puesto de quesadillas de la Facultad de Psicología y disfrutando tacos de chile relleno.

Se movía en cochecitos sencillos: un vochito azul celeste y un Brasilia, que lo llevó con Estusha en un largo viaje hasta San Francisco, California. Se encerraba a escribir y a meditar en una cabaña en el fraccionamiento Los Robles, en Morelos, que había bautizado como *Safed* en honor a una ciudad de cabalistas en Israel. Ahí no había luz ni agua, solo paz y silencio.

Tenía carácter fuerte. Impulsivo, me dice Manuel Delaflor. "Gruñón, sangroncito, fascinante, un genio", añade Amira Valle. "Duro, exigente y perfeccionista", dice Leah Bella Attie. "No era una persona realizada, no tenía logros contemplativos ni regulación emocional", según Valle. "Jacobo era neurótico. Nos hizo llorar varias veces. La gente lo tenía idealizado: no estaba iluminado", remata Attie.

Ella cuenta que Grinberg dormía poco. "Decía que su cabeza era un radio. Un día no podía dormir, prendió su radio de onda corta y escuchó la noticia: empezaba la guerra del Golfo".

"Soy una especie de iluminado neurótico", se confesó Grinberg ante Attie. Hay una escena que quedó marcada en los recuerdos de Amira y Leah. Además de científica en ciernes, Leah era bailarina. Se preparaba para una presentación en el Festival Cervantino y tenía un ensayo aquella tarde. Se disculpó por retirarse antes de su hora de salida y se despidió de sus colegas. Grinberg montó en cólera. Golpeó la mesa con los puños y le puso un ultimátum: elige el laboratorio o la danza. Uno de los colaboradores lo llamó a la calma.

"Está bien, pero termina lo que estás haciendo en el laboratorio porque no me queda mucho tiempo", pidió Grinberg.

Su hija Estusha lo recuerda de una manera diametralmente distinta: un padre amorosísimo y muy consentidor, y un hombre sereno que nunca se estresaba. Amira Valle y Leah Bella Attie también lo rememoran haciendo expediciones al Espacio Escultórico para meditar en grupo o caminando entre las milpas y nopaleras de Morelos tras una sesión de yoga. A Grinberg le emocionaba el aprendizaje. Cuando aprendía algo nuevo parecía un niño feliz.

De niño le llamaban Jacky en la familia y lo hacía feliz ir de vacaciones a Acapulco. En ese entonces criaba tarántulas, desarmaba radios y televisores para aprender su funcionamiento y construía pequeños aviones. En esos años tuvo un sueño revelador: estaba adentro de una nave espacial y un ser extraño le ponía cables en la cabeza. Le enseñaba a leer libros con solo poner sus manos encima del volumen y le daba una predicción que se cumpliría décadas después: escribirás muchos libros.

El escritor

Nunca acudió a un taller literario ni manifestó, de niño o adolescente, deseo de convertirse en escritor. Sin embargo, un día —un día que recuerda bien Lizette Arditti—, se propuso escribir.

"Yo quiero escribir, y voy a hacer mucho dinero de escribir. Siento que puedo hacer suficiente dinero y entonces voy a poder dejar la facultad".

Por aquel entonces Estusha tenía apenas cuatro añitos de edad. "Su apasionamiento por escribir le dio de un día para otro", recuerda Arditti. Era 1972, posiblemente. Desde entonces y hasta 1994, el año de su desaparición, Jacobo Grinberg escribió más de 50 libros. Sus obras solían ser breves, pero su fiebre escritural no deja de ser un portento para un académico de tiempo completo, viajero incansable, que pasaba parte de su tiempo buscando financiamientos para la investigación o tomaba algún empleo ocasional para completar sus ingresos.

"En ocasiones podía escribir durante horas y sentirme fresco en lugar de cansado", recordaba el propio Grinberg en el libro dedicado a Pachita. Y sí: llenaba agendas con su letra pequeñita que luego pasaban a máquina sus asistentes de investigación. Escribía cuatro libros simultáneamente y se aventuró a diversos géneros. Libros de texto para estudiantes, tratados científicos; pero también cuentos y novelas de ciencia ficción, poemas y su volumen autobiográfico, una honesta revisión de sí mismo —a veces quizá demasiado severa— que recuerda a las *Confesiones* de San Agustín.

"Se sentaba durante horas, todo lo escribía en manuscrita y nunca corregía, o mínimamente", añade Arditti, testigo de su súbita conversión a escritor. Primero empezó con cuentos: "Sus cuentos son sueños de libertad —me dice—, de encontrarse a un sabio en una cueva que le diga de qué trata la vida y el cosmos. Y tuvo una evolución hasta novelas más complejas como *Los cristales de la galaxia*, completamente integrada a la teoría sintérgica".

De joven se bebió a los grandes autores de ciencia ficción. Todos, dice Arditti: Asimov, Clarke, K. Dick, Le Guin...

A veces dictaba sus textos en casetes que luego transcribían sus asistentes de investigación. Los martes eran sus días de escritura en el laboratorio. Además, se encerraba en su cabaña del fraccionamiento Los Robles, en Ahuatlán, Morelos, a poner sus ideas en negro sobre blanco. Entre sus discípulas corrió la idea de que podía escribir un libro en una sola noche.

Aprendió a jugar con las palabras, como lo fue con la creación del nombre de su teoría sintérgica. Con las metáforas puestas al servicio de la ciencia, la noche estrellada le hacía pensar en una red neuronal: las estrellas hacían sinapsis unas con otras. El cosmos como un gran cerebro pensando: pensándonos. Lo mismo imaginó del planeta: si la Tierra es un ser viviente —como estaba seguro que era—, ¿en dónde estaría su mente? ¿Dónde guardaría sus recuerdos? Alguna vez hizo esta pregunta frente a sus colegas del laboratorio y Amira Valle aventuró una respuesta: en el mar, ahí está la memoria de la Tierra. Grinberg asintió.

Los delfines

Jacobo Grinberg nadando con delfines. Esa es la última imagen que Amira Valle y Leah Bella Attie guardan de su maestro, en noviembre de 1994. Querían probar si era posible que los cerebros de los niños con autismo y los cerebros de los delfines experimentaran el potencial transferido. Habían conseguido gorritos con electrodos adaptables a los mamíferos marinos del parque acuático Atlantis, en el Bosque de Chapultepec. Como Attie estaba embarazada, se quedó en la orilla. Amira, Jacobo y Terita —su última esposa— se lanzaron al acuario con trajes de neopreno. Todo iba bien hasta que un delfín atacó a Terita y la obligó a salir de la alberca. La jornada de nado con delfines terminó con un regusto amargo.

Tres décadas después, estos sucesos se leen como una señal de mal augurio o, quizá, un asomo de advertencia interespecie. ¿Qué percibió aquel delfín de lo que ocurría con Grinberg?, se pregunta Attie.

"La conocí en una reunión, vestida al estilo iraní y con unos ojos rasgados que le daban una apariencia extraña. Más rara me pareció su conducta y su lenguaje", escribió el científico en su autobiografía. Poco antes de conocerla, Grinberg había visitado a un quiromanciano que había leído las líneas de su mano. Le dijo que "estaba a punto de conocer a [su] verdadera compañera... y que sería mi última oportunidad de formar una relación estable", como escribió Grinberg en *La batalla por el templo*. Grinberg decidió creerle y se casó con Teresa Mendoza, *Terita*, la mujer que ha sido señalada como sospechosa de colaborar en su desaparición.

En las vísperas del 12 de diciembre de 1994 —cumpleaños de Jacobo Grinberg— lo esperaban en casa de Luis Schettino —uno de "los cuatro sintérgicos"— para celebrar sus 48 años, pero nunca llegó. Su familia también le había preparado una comida que se quedó sin cumpleañero.

Las alertas tardaron algunas semanas en encenderse, porque Grinberg y Teresa tenían un viaje programado a Campeche y luego otro a la India. La policía de investigación descubriría después que ni siquiera habían comprado los vuelos. Nunca se volvió a saber de Jacobo Grinberg.

Hay distintos puntos de vista sobre los últimos meses del científico y en particular del papel de Terita. Sam Quiñones, periodista estadounidense que se interesó por el psicofisiólogo tres años después de su desaparición, afirma que 1994 había sido un buen año para el investigador. Los experimentos sobre potencial transferido eran prometedores; Grinberg los había llevado a un congreso internacional y había regresado *radiante*. Estaba feliz porque recibió noticias de que el libro *Pachita* sería traducido al inglés. En efecto, tenía problemas con Terita, pero se debían a que ella quería tener hijos y Jacobo no. Salvo eso, "Grinberg tenía todas las razones para estar con Terita".

Otros indicios apuntan a que Grinberg y Terita mantenían una pésima relación. A su hermano Jerry, Grinberg le había dicho que tenía miedo de su pareja y prefería dormir en una combi (testimonio dado al cineasta Ida Cuéllar). La desaparición sigue sin aclararse. El documental *El secreto del doctor Grinberg* (Ida Cuéllar, 2020) especula con la hipótesis de que la Agencia Central de Inteligencia de Estados Unidos (la CIA) secuestró a Grinberg —posiblemente— para usar sus descubrimientos con propósitos militares. La película de Cuéllar apunta a que Terita pudo haber colaborado en la desaparición.

A principios de diciembre de 1994, sonó el timbre del teléfono en el laboratorio. Ruth Cerezo, una de "los cuatro sintérgicos", tomó la llamada. Era Terita, quien le informaba escuetamente que ya no esperaran a Jacobo durante el resto del mes. Pero pasó el tiempo y, al no recibir señales de vida, la familia y amigos de Jacobo acudieron a las autoridades. La Procuraduría General de Justicia del Distrito Federal asignó al comandante Clemente Padilla como responsable de la investigación. Padilla estableció que Grinberg había desaparecido contra su voluntad, pero nunca lo encontró y apuntó hacia Teresa como sospechosa. Hasta el día de hoy el caso sigue sin aclararse.

Los recuerdos de Valle y Attie pintan a un Jacobo Grinberg librando batallas. Una de ellas con Terita: Jacobo llegaba alterado al laboratorio "especialmente después de pelearse con Teresa, y perdía por completo el control, [estaba] en mucha turbulencia emocional", escribieron en el manuscrito inédito *Anécdotas de laboratorio*.

La desaparición de Grinberg dejó en la orfandad a varios de sus colaboradores. "Cuando él desaparece canibalizan el laboratorio: todo el mundo se pelea por las cosas porque teníamos lo mejor de lo mejor", dice Delaflor. Valle y Attie acusan que aquellos colegas que menospreciaban su trabajo se apropiaron de las computadoras y los sofisticados aparatos de su laboratorio, que quedó clausurado. A Estusha se le permitió sacar objetos personales de su papá, pero las investigaciones, los *papers*, los proyectos quedaron interrumpidos y abandonados.

Desde entonces, la familia de Jacobo Grinberg se ha encargado de resguardar y difundir su legado. Lizette Arditti, en su momento, fue la creadora de las portadas originales de los libros de quien fuera su primer esposo. Su hija, Estusha Grinberg, gestiona la página web oficial: jacobogrinberg.com. Ella es una de las representantes más importantes del género World Music en México, y musicalizó el libro de poemas *Cantos de ignorancia iluminada* de su padre. Su página web es estusha.com. Nicolás Mesnage, yerno de Jacobo, ha sido un promotor infatigable de los libros de Grinberg, al ser el primero en digitalizarlos y ponerlos de vuelta al alcance del gran público. Jacobo Grinberg tiene hoy dos nietas —a las que no conoció—, Ixchel y Leilani. Esta última es la autora del retrato que acompaña este texto. La Biblioteca Jacobo Grinberg que se publicará en Debolsillo forma parte de este esfuerzo por mantener el legado del científico mexicano.

En internet circulan fantásticas hipótesis: que lo secuestraron los ovnis, que se transformó en el Subcomandante

Marcos del EZLN o que llegó a un estado meditativo tan elevado que simplemente se evaporó. Una de las teorías compara a Jacobo Grinberg con Neo, el personaje de la película *The Matrix* (hermanas Wachowski, 1999). La *matrix* es un programa de realidad virtual en el que todos vivimos inmersos. Los robots han tomado el control del mundo y nos mantienen esclavizados, conectados a cables para extraer nuestra energía. Esos mismos cables nos conectan a *the matrix*, a la ilusión en la que creemos estar vivos, mientras somos expoliados. Jacobo Grinberg, como Neo, se ha liberado de esa matriz y es el primer hombre libre de la Tierra. Y así se propaga la leyenda, el mito del autor de culto, guía intelectual y espiritual.

Lizette Arditti anota otra hipótesis: en un país como México, con 120 mil desaparecidos, te matan —y acaso te desaparecen— por robarte el dinero de la billetera.

Juan José Sánchez Sosa dice lo que perdió la ciencia: "Lo que le haya pasado es una pérdida gigante para la psicología en particular. Iba en el camino correcto, acabaría no sé si con el Premio Nobel, pero sí con un premio importante. Hubiera encontrado los principios regulatorios de lo que vemos y decimos: 'no lo puedo creer'. Y describir cómo ocurrió: cómo es que lo vi y cómo se explica".

¿Qué diría hoy si regresara?, se pregunta Lizette Arditti. Aventura una respuesta: aprovecharía los avances tecnológicos para probar sus teorías y prestaría poca atención a la mitificación de su personaje. Arditti lo compara con el Quijote. "Jacobo podría ser un Quijote. Porque el Quijote era un congruente total: vivía su cuento". Amira Valle le escribe con cariño y nostalgia: "Te mando un beso a la lattice, donde habitas por siempre". Amira Valle, Leah Bella Attie y Manuel Delaflor tienen además un proyecto: darle continuidad a las investigaciones de su maestro y reabrir un laboratorio para volver a ellas. Su hija Estusha Grinberg pide recordarlo no solo como un gran científico, sino, también, como un hombre que dio su vida por la búsqueda de libertad.

Retrato de Jacobo Grinberg-Zylberbaum hecho por su nieta Leilani Grinberg.
leilanigrinberg.com

AGRADECIMIENTOS DEL AUTOR

Los experimentos que se presentan en este trabajo y las ideas que los motivaron han sido el producto de colaboración con diferentes instituciones y personas.

En particular, quisiera agradecer a la Facultad de Medicina de la UNAM, a la Facultad de Psicología de la misma institución, a la Universidad Anáhuac, a los Centros de Integración Juvenil, a la Secretaría de Educación Pública, al New York Medical College, al Instituto Nacional para el Estudio de la Conciencia y al Conacyt.

Debo gratitud al doctor Héctor Brust Carmona, al doctor Roberto Prado Alcalá, al doctor Juan José Sánchez Sosa, al doctor Edwin Roy John y al doctor Karl Pribram.

Especialmente quiero agradecer a mi maestro el doctor Alberto Guevara Rojas, quien me ha enseñado a ser un mejor humano.

INTRODUCCIÓN

Este libro presenta un primer intento formal de integración de los resultados obtenidos durante la investigación acerca de los chamanes de México.

En este primer intento se plantea la idea de que el cerebro humano es capaz de funcionar en diferentes niveles de unificación consigo mismo y con el medio que lo rodea. A medida que se incrementan los niveles de unificación, aparecen funciones de complejidad creciente. La aparición de estas funciones requiere de un desarrollo y un entrenamiento que solamente se consigue manteniendo un estado de congruencia e impecabilidad. Se propone la idea de que los chamanes de México han logrado despertar la activación de funciones complejas debido a su integridad y congruencia con una serie de enseñanzas de las cuales son los principales herederos y depositarios.

El libro está dividido en dos grandes secciones. La primera abarca hasta el capítulo v, y presenta una serie de experimentos realizados en condiciones estrictas de laboratorio, demostrando que a medida que se correlacionan mayor número de elementos neuronales, se activan funciones complejas, las cuales, para seguir manifestándose, requieren del sostén sinérgico de la actividad de grandes poblaciones neuronales.

Además se hace un estudio de la función yoica y de la comunicación humana como ejemplos de funciones complejas dependientes de procesos de unificación de la actividad cerebral. Se menciona la existencia de la comunicación directa como principal ejemplo de función compleja, la que además caracteriza el funcionamiento de los chamanes auténticos.

La segunda parte del libro, después de proponer a la teoría sintérgica como un cuerpo conceptual, se interna en el mundo chamánico presentando manifestaciones de lo tratado en la primera parte, en la conducta y cosmovisión de los hombres de conocimiento.

El lector que no esté interesado en los detalles de los experimentos que se incluyen en los primeros capítulos puede obviar su lectura sin que esto represente un obstáculo para entender el resto del libro.

Para el lector interesado, la lectura de los pormenores experimentales enriquecerá su entendimiento de las postulaciones teóricas incluidas a lo largo del texto.

Jacobo Grinberg-Zylberbaum

I

ANTECEDENTES

Introducción

Todo registro de la actividad electrofisiológica del cerebro es el resultado de un conjunto de correlaciones entre la actividad de sus elementos neuronales. A su vez, la actividad de uno de estos elementos neuronales o aun los cambios de potencial de un axón, también resultan de la correlación sinergista de la actividad de elementos más simples.

Bastarán algunos ejemplos para ilustrar las consideraciones anteriores. Cuando con un microelectrodo se registran los cambios de la magnitud de un potencial de membrana, lo que realmente está detectando el instrumento de registro es la suma de millones de movimientos iónicos, es decir, el producto temporalmente correlacionado de multitud de procesos elementales. Cuando por otro lado, un macroelectrodo, de dimensiones miles de veces superiores al de cualquier neurona, es colocado sobre el cuero cabelludo para registrar la actividad electroencefalográfica humana, lo que registramos es el producto conjugado, y de nuevo temporalmente correlacionado, de una población neuronal gigantesca.

Otro ejemplo de una actividad electrofisiológica que refleja la correlación del funcionamiento de un gran número de elementos son los potenciales provocados. Ya veremos más adelante cómo, con ellos, se puede demostrar, además de la ley de correlación, otra muy importante que podría ser enunciada de la siguiente forma:

> Toda actividad electrofisiológica se asocia con variables psicológicas, cuya sutileza y complejidad aumentan conforme se incrementa la población neuronal y la cantidad de correlaciones entre los elementos neuronales que le dan origen.

Así, por ejemplo, los componentes tardíos de los potenciales provocados, que resultan de un número mayor de elementos neuronales correlacionados en el tiempo, se asocian con procesos psicológicos más complejos que los primeros componentes de los mismos potenciales provocados.

En las siguientes secciones de este capítulo presentaré alguna evidencia experimental que apoya lo anterior.

Vale la pena recordar que un potencial provocado es una respuesta eléctrica del cerebro ante un estímulo.

Potenciales provocados en el cerebro de animales durante el aprendizaje

Este estudio, cuyos detalles se encuentran incluidos en el Apéndice I, fue realizado con el objeto de estudiar las respuestas eléctricas del cerebro de gatos durante un proceso complejo de aprendizaje. Cuando se presenta un estímulo a un sujeto, su cerebro responde ante el mismo desarrollando un potencial provocado, es decir, una respuesta eléctrica correlacionada a partir de grandes poblaciones de neuronas.

Esta respuesta depende, en su magnitud y morfología, de las características físicas del estímulo y de la importancia que este tenga para el animal.

Así, un estímulo neutro, como una luz que se asocia con la presentación de comida, se convierte en un estímulo importante y significativo y ante él, el cerebro del animal responde con un potencial provocado de mayor magnitud que ante un estímulo no asociado.

En este trabajo experimental, gatos fueron entrenados a responder en forma específica ante la presentación de luces y sonidos que se asociaron con comida. Al mismo tiempo que se entrenaban, la actividad eléctrica de sus cerebros fue registrada en diferentes localizaciones de los mismos.

Los resultados del experimento demostraron que a medida que los animales aprendían a asignarles significado a los estímulos, la morfología de los potenciales provocados por ellos en diferentes zonas del cerebro se hacían similares entre sí. Estos resultados demuestran que ante un aprendizaje complejo el cerebro tiende a unificarse apoyando así la hipótesis que se presentó al principio. En otras palabras, la unificación de la actividad cerebral ante un estímulo, manifestada en la similitud de su respuesta ante el mismo, implica que una gran cantidad de neuronas se involucran en la codificación de complejidad, por lo que la complejidad se relaciona con el incremento del número de elementos involucrados.

Estos resultados junto con los detalles de los procedimientos experimentales utilizados están reproducidos en el Apéndice I para el lector interesado en profundizar en este tema.

El lector que no tenga interés en los detalles experimentales puede seguir la lectura del libro sin que esto represente problema alguno para su entendimiento de las ideas expresadas en él.

Potenciales provocados y formación de conceptos[1]

El estudio anterior muestra que en una situación compleja, la actividad cerebral incrementa su correlación manifiesta por un correspondiente incremento en la similitud de la morfología de los potenciales provocados.

El experimento que presentaré a continuación demuestra indirectamente que existe una relación positiva entre la complejidad de una función y el número de elementos neuronales que intervienen en ella.

La metodología utilizada en este estudio fue el registro de potenciales provocados en humanos durante dos diferentes situaciones de distinta complejidad; la percepción geométrica de un estímulo y la asignación de significado conceptual ante el mismo, o las llamadas operaciones "exógenas" o "endógenas" del cerebro. Para comprender las implicaciones de este experimento es conveniente recordar que los componentes de mayor latencia de los potenciales provocados implican (para su aparición) la activación de

[1] Parte de esta sección fue publicada en Grinberg-Zylberbaum, J., y John E. R., "Evoked Potentials and Concept Formation in Man", *Physiology and Behavior*, 27: 749-751, 1981.

mayor número de sinapsis y, por ende, de más elementos neuronales, que los de menor latencia.

Introducción

Es una experiencia común y familiar el que un mismo objeto pueda ser percibido diferentemente dependiendo del humor, el estado de alerta y las experiencias pasadas. Esta es la manera en que el mundo externo es percibido por el cerebro y esto se logra cuando al menos un par de operaciones son ejecutadas por él. Primero, a través de una transformación se construye una representación interna compleja, pero fija, del universo externo y de los objetos que forman parte de él. Segundo, es hecho un análisis de esta representación. Este análisis implica la comparación de la información de entrada con las memorias almacenadas y la extracción de significado a partir de la representación.

El cerebro tiene una gran capacidad para cambiar sus propias representaciones de manera que podemos pensar, sin caer en una exageración, que el mundo como lo percibimos es solo una descripción. Aun los psicólogos experimentales saben que un cambio de expectancia o disposición pueden tener efectos dramáticos sobre la manera en que un sujeto percibe los objetos que lo rodean. Quizá el mejor ejemplo de esta plasticidad sea el experimento hecho por Bruner y Minturn (1955) en el cual se mostró que el mismo estímulo, identificado como "13" cuando el sujeto está esperando números, se vuelve "B" cuando espera letras. Desde un punto de vista neurofisiológico, este hallazgo quiere decir que el cerebro tiene la capacidad de cambiar sus propias señales de entrada independientemente de las características físicas de los estímulos que las originan.

Dónde, cuándo y cómo ocurren estas operaciones cerebrales es aún materia de discusión entre neurofisiólogos contemporáneos. Algunos de ellos sostienen que los cambios son iniciados y hasta ejecutados en las primeras sinapsis de los sistemas aferentes (Hernández Peón *et al.*, 1957). Otros, menos atrevidos, pero más realistas, piensan que las operaciones se llevan a cabo en niveles más centrales (Worden y Marsh, 1963).

Desafortunadamente, una aproximación fenomenológica no puede iluminar y satisfacer a estos dos estudiosos, porque sus cerebros occidentales, capaces como son de cambiar sus señales de entrada, son completamente incapaces de sentir su propia actividad.

Si no fuera por el desarrollo de técnicas electrofisiológicas, las cuales permiten que un observador externo registre y mida las señales específicas que son, en sí mismas, una manifestación más o menos directa de los procesos de codificación del cerebro, preguntas similares a las planteadas anteriormente permanecerían sin contestación. En este sentido, la técnica de promediación de potenciales provocados ha resultado ser una herramienta excelente para la diferenciación de cambios sutiles en la codificación cerebral, causados por diferencias en la configuración de los estímulos, la historia de aprendizaje de un sujeto y hasta futuras expectancias (John, 1973). Además, se ha mostrado que algunos componentes de las morfologías de onda de los potenciales provocados representan operaciones relacionadas específicamente con los procesos de lectura de memoria (John *et al.*, 1973), mientras que otros son manifestaciones de la activación de entrada de sistemas aferentes. Los procesos de lectura son, sin duda, operaciones necesarias relacionadas con la asignación de significado a un estímulo. De manera que, cuando un mismo estímulo es percibido con un significado específico en cierta situación, pero completamente diferente en otra, puede esperarse que sean excitadas diferentes memorias y que estas lecturas de memoria puedan manifestarse como cambios en las morfologías de onda de los potenciales provocados. Si estos cambios pudieran ser detectados, podrían conocerse e identificarse las estructuras cerebrales relacionadas con la extracción y el análisis del significado. Además sería posible saber el tiempo exacto en que se llevan a cabo los cambios y podría lograrse un mejor entendimiento de la secuencia de procesos cerebrales relacionados con el tiempo, necesarios para identificar y asignar significado a un estímulo.

Método

Teniendo en cuenta las consideraciones anteriores, diseñamos un experimento en el que fueron registrados potenciales provocados de ocho sujetos humanos a los que se presentaba una línea vertical; en algunos casos fue interpretada como el número "1" y en otros como la letra "I".

Usando el sistema internacional 10-20 de colocación de electrodos, fueron colocados electrodos Grass en localizaciones central, parietal, temporal y occipital, y en la derivación frontal anterior derecha (sensor de movimientos oculares). Después de este procedimiento, los sujetos (seis hombres y dos mujeres, de cinco a 30 años de edad) se sentaban en una silla cómoda localizada en un cuarto silente, en el que eran presentados estímulos de 30 ms de duración, entre intervalos de 400 ms.

Primero era presentado un estímulo que era una línea vertical (número 1), seguido por el número 2. Estos estímulos se repitieron 100 veces mientras que un polígrafo Grass de 12 canales y una grabadora Mnemotron de 14 canales registraban los movimientos de los ojos y la actividad EEG. Después de presentados estos números, se presentaba la misma línea vertical (ahora interpretada como la letra I) seguida de la letra "K", usando la misma estimulación y aparatos de registro. Es importante enfatizar que el número "1" y la letra "I" era presentados usando exactamente el mismo estímulo físico; una línea vertical. El hecho de que los sujetos interpretaran este estímulo como un número o como una letra se debió a las instrucciones verbales que se les dieron y al contexto en el que aparecían. Las morfologías de onda de los potenciales fueron promediadas usando una computadora PDP-12 y se calculó la diferencia entre las ondas, la prueba "t" y los coeficientes de correlación entre los potenciales provocados ante el número "1" y la letra "I".

Se encontró que 75% de los sujetos mostró diferencias estadísticamente significativas (al nivel $p<0.01$) entre los potenciales provocados registrados del lóbulo parietal (Pz, P4 y P3), 37% del lóbulo temporal (T4, T5 y T6) y solo 25% del lóbulo occipital. La diferencia más clara se encontró en el lóbulo parietal en los componentes localizados entre 108 y 298 ms de latencias (la mayoría alrededor de 168 ms) de la morfología de onda de los potenciales provocados (figura 1.1).

Los coeficientes de correlación entre los potenciales provocados ante el número "1" y la letra "I" registrados entre las derivaciones Pz, T4 y 01, tuvieron un valor promedio

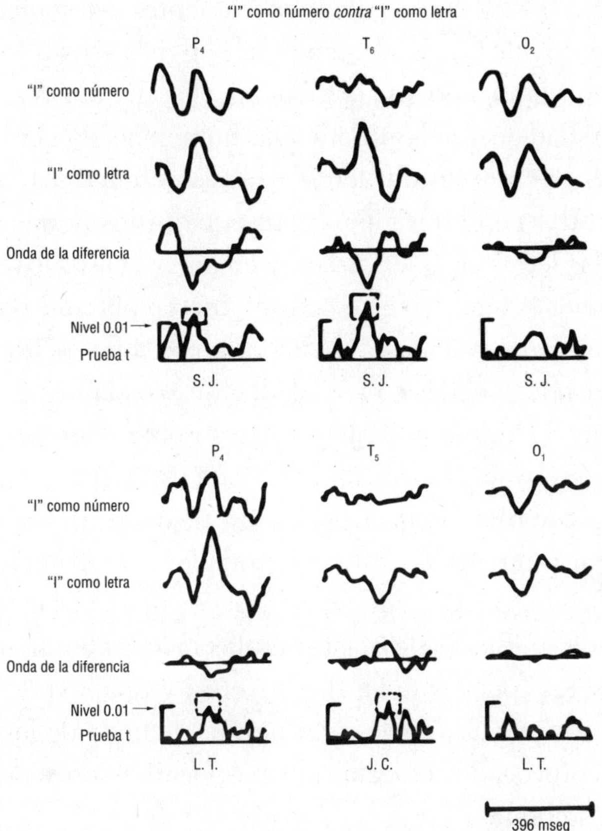

Figura 1.1. Ejemplos de potenciales provocados ante una línea vertical presentada en un contexto de números (líneas 1 y 5) y dentro de un contrato de letras (líneas 2 y 6). Fueron obtenidas diferencias claras y estadísticas en las derivaciones parietal y temporal, en los componentes de los potenciales provocados localizados entre 150 y 200 ms de latericia. Cada potencial provocado fue obtenido a partir de 100 muestras. La diferencia entre las ondas y la prueba *t* fue computada usando una maquina PDP-12.

de 0.52, 0.43 y 0.83 ms, respectivamente. Esto quiere decir que los lóbulos parietal y temporal son más sensibles a cambios en significado que el lóbulo occipital. Para descartar la posibilidad de que las diferencias hubieran sido por las interacciones entre las dos letras y los dos números, fue hecho un control en el que fueron presentados los números "1" y "0" y las letras "I" y "O", usando en ambos casos los mismos estímulos físicos. En este control, fueron obtenidos resultados similares; además, no encontramos diferencias significativas relacionadas con la edad, el sexo o el movimiento de los ojos. Resultados similares fueron obtenidos cuando un sujeto ensayaba subvocalmente cada estímulo.

Si como lo indican nuestros resultados, los lóbulos parietal y temporal están relacionados con el análisis del significado, puede esperarse entonces que si es extraído el mismo significado de dos estímulos físicos completamente diferentes (por ejemplo, una A versal y una ᴀ versalita) no surjan diferencias en las morfologías de onda de los potenciales provocados en estas mismas localizaciones de la corteza cerebral.

Usando el mismo diseño experimental, fueron presentadas las letras "A" versal y "ᴀ" versalita y la "E" versal y "ᴇ" versalita en los mismos sujetos. Cuando se hizo la comparación entre los potenciales provocados por las mismas (en significado) pero diferentes (en tamaño) letras, se encontró que 85% de los sujetos mostró una diferencia estadísticamente significativa ($p < 0.001$) en el lóbulo occipital, mientras que solo 12% mostró diferencias en el lóbulo parietal (Pz y P4) y en las localizaciones temporal y central (T3, C4) (véase figura 1.2).

El hecho de que en casi 90% de los sujetos no fueran encontradas diferencias en las localizaciones parietal y temporal es muy dramático si tomamos en consideración que los estímulos grandes eran por lo menos lo doble en tamaño de los pequeños, de manera que era obtenida una activación retiniana completamente diferente a partir de ellos. En contraste con este resultado, casi todos los sujetos (85% en C4, Pz; 71% en T6, y 100% en 02) mostraron diferencias significativas ($p< 0.001$) entre los potenciales provocados por las diferentes (en significado) letras, pero del mismo tamaño (A contra E) (véase figura 1.2).

Estos resultados muestran que las operaciones cerebrales necesarias, relacionadas con la asignación de significado a un estímulo, son llevadas a cabo en los lóbulos parietal y temporal, mientras que el análisis de las características físicas de ellos es hecho en los lóbulos occipitales. Además, las "operaciones de significado" ocurren entre los 100 y 300 ms después de la presentación de un estímulo. Aunque usando una metodología muy diferente, en un trabajo parecido fueron obtenidos resultados similares en el lóbulo frontal (Johnson y Chesney, 1974). Este trabajo y el nuestro muestran que las estructuras que llevan a cabo "operaciones de significado" están distribuidas en un sistema muy grande del que forman parte los lóbulos parietal, temporal y frontal.

Algunas consideraciones teóricas son aquí pertinentes. Supongamos que la percepción visual de un objeto toma lugar cuando son ejecutadas dos operaciones cerebrales diferentes. Primero, la transformación de una energía de tipo electromagnético (luz), a una electrofisiológica, y segundo, un análisis de esta transformación. El sistema que está relacionado con la transformación construye una representa-

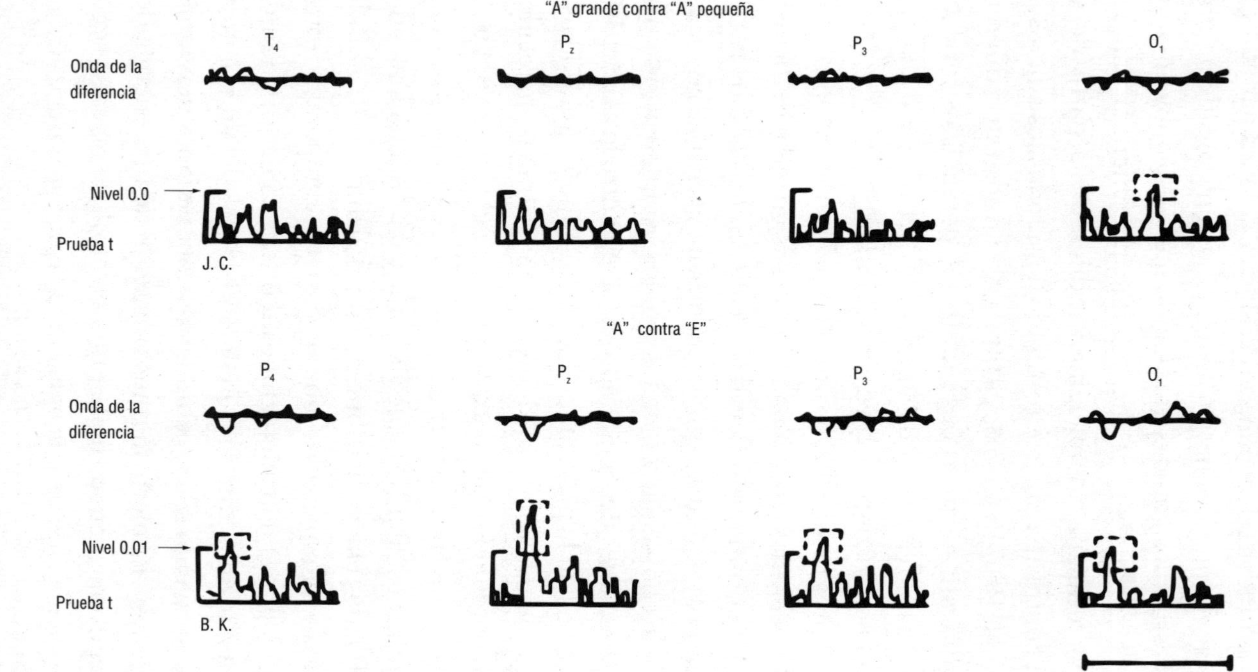

"A" grande contra "A" pequeña
T4
Pz
P3
O1
Onda de la diferencia
Nivel 0.0
Prueba t
J. C.
"A" contra "E"
P4
Pz
P3
O1
Onda de la diferencia
Nivel 0.01
Prueba t
B. K.
396 mseg

Figura 1.2. En la parte superior se muestra la diferencia entre las ondas (línea 1) y la prueba "t" (línea 2). Solo la localización occipital muestra diferencias estadísticas entre ellas. En la parte inferior fueron hechos los mismos cálculos, pero ahora entre los potenciales provocados ante la "A" (mayúscula) y la "E" (mayúscula). Todas las localizaciones mostraron diferencias estadísticas entre estos potenciales provocados.

ción del mundo externo que es muy complicada y sofisticada, pero aun así es solo una descripción de él. Supongamos también que esta representación se manifiesta en algunos de los componentes de los potenciales provocados que podemos llamar "componentes exógenos". Además, también podemos pensar que una región anatómica definida y localizada está directamente relacionada con la construcción de esta representación. Nuestros resultados indican que ciertamente la región arriba postulada es la corteza occipital, porque muestran que la actividad electrofisiológica de esta cambia al cambiar los estímulos externos. Ahora supongamos que algunas operaciones son hechas con esta representación y que están relacionadas con el análisis y la comparación entre los procesos exógenos y los sistemas de almacenamiento de memoria, de manera que puede ser extraído un significado de la información; llamemos a estas operaciones "proceso endógeno" y, a los potenciales provocados que son una manifestación de él, "componentes endógenos". Si procedemos con la misma lógica de antes, podemos pensar que una región anatómica diferente está comprometida con estos procesos; una región que es más inespecífica, asociativa y polisensorial, pero que al mismo tiempo tiene acceso a la representación exógena: la de los lóbulos parietal y temporal. Si esto es cierto, podemos esperar que los potenciales provocados, registrados de esta región, no cambien cuando solo es hecha una variación en las características físicas de un estímulo; pero sí cuando es hecho un cambio en el análisis de la representación, en otras palabras, cuando es extraída información acerca de la información, es decir, cuando ocurre un cambio en el significado. Que este es el caso está completamente demostrado por el experimento antes descrito.

En conclusión, los hallazgos aquí discutidos muestran que existen dos sistemas diferentes en el cerebro. Uno de ellos, el occipital, está relacionado con la construcción del mundo externo, es específico en su actividad y la cambia con los cambios correspondientes a las características físicas de los estímulos. El otro sistema, parieto-temporal, hace un análisis de la representación y extrae un significado de ella. Su actividad cambia en términos de las experiencias pasadas y de futuras expectancias. También es independiente, en sus cambios, de las variaciones en las características físicas de los estímulos externos, pero depende del proceso que construye una abstracción a partir de una imagen-percepto (Grinberg-Zylberbaum, 1976).

Por último, el sistema encargado de las características físicas de los estímulos funciona con una latencia y presumiblemente utilizando un menor número de elementos neuronales que el sistema encargado de la asignación de significados, el cual es mucho más complejo y sutil que el primero.

Conclusiones

Sabemos que las características físicas de un objeto visual son decodificadas con una latencia promedio de 50 ms a partir de la activación retiniana. Este lapso coincide con la latencia de los componentes tardíos o secundarios de los potenciales provocados (Grinberg-Zylberbaum, 1980a; 1981).

De acuerdo con este estudio la asignación de significados (una operación claramente más compleja que la percepción de formas) ocurre, por lo menos, 100 ms más tarde, es decir, involucra la activación de un número mucho mayor de elementos neuronales. Este resultado experimental está de acuerdo con la hipótesis presentada en el primer capítulo de este libro, a saber:

> Toda actividad electrofisiológica se asocia con variables psicológicas, cuya sutileza y complejidad aumentan conforme se incrementa la población neuronal y la cantidad de correlaciones entre los elementos neuronales que le dan origen.

Retroalimentación de la correlación interhemisférica[2]

En la sección anterior, se observó que los procesos que requieren de una mayor cantidad de elementos neuronales se asocian con funciones más complejas que las que son ca-

---

[2] Parte de esta sección fue publicada en Grinberg-Zylberbaum, J., "Correlativos electrofisiológicos de la Experiencia Subjetiva", *Enseñanza e Investigación en Psicología*, vol. VI, núm. 1 (11): 44-52, 1980b,.

paces de activar menos elementos. Estos resultados, junto con los de la sección primera, indican que, a medida que aumenta la unificación y correlación de la actividad cerebral, se estimulan funciones cada vez más complejas.

Un índice de unificación electrofisiológica, relacionada directamente con la correlación de los elementos neuronales de la actividad fisiológica, se observa en forma clara en los estudios de la coherencia cerebral. Una medida de coherencia es una medida de similitud entre patrones electrofisiológicos registrados en diferentes porciones del sistema nervioso. Una alta coherencia implica una alta similitud en la morfología de los patrones electroencefalográficos promediados o analizados en una unidad de tiempo, registrados en dos o más zonas, mientras que una baja coherencia implica lo contrario.

Una medida de similitud parecida a la coherencia es la correlación, la cual, además de mostrar la semejanza de patrones electrofisiológicos registrados en diferentes zonas cerebrales, muestra índices temporales de tal similitud.

En otras palabras, tanto la coherencia como la correlación indican la similitud o diferencia entre la actividad eléctrica del cerebro, pero mientras que la primera no toma en cuenta el tiempo, para la segunda el análisis temporal es fundamental.

El experimento que se presenta a continuación está dedicado al estudio de la correlación inter y transhemisférica en su relación con índices introspectivos de la actividad psicológica de sujetos humanos.

La idea que motivó el experimento fue la de explorar cuáles correlativos subjetivos podían hallarse relacionados con diferentes estados de correlación de la actividad cerebral.

Sujetos

Se estudiaron 11 sujetos adultos; cinco hombres y seis mujeres, de edades comprendidas entre los 25 y 32 años.

Registros

Se realizaron registros de la actividad EEG de los sujetos. Estos registros fueron bipolares parieto-temporales (P3-T5 y P4-T6); temporo-occipitales (T5-01 y T6-02) y frontales.

Métodos experimentales

Todos los experimentos fueron realizados en una cámara de Faraday sonoamortiguada, en donde los sujetos se sentaban mientras eran sometidos a una técnica EEG de biorretroalimentación que consistía en lo siguiente: registros EEG bipolares en ambos hemisferios, derecho e izquierdo y de porciones cerebrales anteriores y posteriores, eran visualmente presentados a los sujetos en forma continua utilizando un osciloscopio Techtronix de cuatro canales, con memoria integrada. Después de un periodo de entrenamiento y familiarización con las señales osciloscópicas, los sujetos eran instruidos a aumentar la similitud de los patrones electroencefalográficos presentados en los cuatro canales, utilizando cualquier técnica interna escogida por ellos.

Cuando terminaba este periodo de entrenamiento, aparecía una señal de ruido y tres segundos después un barrido del osciloscopio.

La memoria osciloscópica fue usada para mantener "congelado" y visible este patrón EEG. A los sujetos no se les permitía ver su patrón EEG hasta después de reportadas sus experiencias internas asociadas con el momento en el que se tomó la muestra EEG y más tarde se discutía y cuantificaba la relación entre su actividad cerebral y su experiencia subjetiva. Esta cuantificación era hecha por jueces independientes, cuya tarea era medir la similitud entre los patrones EEG, construyendo una escala de correlación inter y transhemisférica. En esta escala, el 4 significaba identidad total, el 2 una similitud media y el 0 ausencia total de similitud entre los patrones EEG.

Los 11 sujetos utilizaron esta técnica de correlación biorretroalimentada durante un periodo de tres años que llevó para terminar el experimento. El estudio duró tanto tiempo para concluirse debido a que los sujetos tuvieron que ser entrenados antes de que la actual investigación de correlación comenzara.

Utilizamos tres técnicas diferentes de entrenamiento para mejorar la sensibilidad de los sujetos, su capacidad discriminativa y para prepararlos a la técnica de biorretroalimentación de correlación. El primer proceso de entrenamiento consistió en la presentación visual (en un solo canal) de la actividad EEG de los sujetos registrados por un par de electrodos localizados en una derivación parieto-occipital. La tarea de los sujetos era identificar los cambios de su experiencia subjetiva correlacionados con los cambios en el patrón EEG. En las primeras presentaciones del patrón era aparente la carencia de sensibilidad interna y de discriminación de los sujetos en el sentido de ser incapaces de notar cualquier cambio en su experiencia cuando las morfologías EEG cambiaban. Los sujetos dijeron que poco a poco aumentó su sensibilidad hasta que sintieron una sutil alteración subjetiva, que comenzó a corresponder primero a grandes y después a menores cambios en sus patrones EEG. Este aumento en la discriminación produjo un aumento generalizado de sensibilidad y estados internos de capacidad discriminativa.

Cuando esta técnica de biorretroalimentación EEG era dominada, los sujetos fueron entrenados en un segundo método de biorretroalimentación de potenciales provocados. Aquí, registros occipitales eran hechos sincronizando el barrido osciloscópico con la aparición de un destello reflejado en una pantalla blanca. Se les dijo a los sujetos que pusieran atención al destello y a su experiencia interna durante su presentación. Después, que observaran las formas de los potenciales provocados por el destello y finalmente que relacionaran la morfología de los potenciales provocados con la cualidad y características de su experiencia interna. Cuando los sujetos fueron capaces de identificar y correlacionar cambios en los componentes de sus potenciales provocados con alteraciones de su experiencia subjetiva, se introdujo una tercera técnica. En esta, los sujetos eran instruidos para modificar uno o dos componentes de sus potenciales provocados, utilizando cualquier medio de control que pudieran hallar, excepto movimientos. Por último, a través de la modificación consciente y voluntaria de su actividad cerebral, se les instruía en la técnica de biorretroalimentación de su correlación interhemisférica descrita al principio.

Resultados generales

Antes de mencionar los resultados obtenidos con la técnica de correlación interhemisférica, me gustaría mencionar algunas de las observaciones derivadas del uso de las otras técnicas.

Primero, era claro que las características morfológicas del EEG estaban relacionadas con la cualidad de la experiencia subjetiva de nuestros sujetos.

Esta relación pudo ser más claramente apreciada en las esferas emotivas y cognitivas. Por ejemplo, cuando un sujeto sentía un estado emocional "suave y tierno", la morfología de su trazo EEG era suave y sin cambios bruscos. Cuando el sujeto se sentía ansioso, desorganizado e internamente caótico, su trazo EEG también era desorganizado, irregular y caótico. En el mismo sentido, cuando los procesos intelectuales de los sujetos eran claros y organizados, su EEG también era claro y organizado.

Este isomorfismo era lateralizado; los procesos intelectuales tenían mejor relación con la actividad EEG del lado dominante (hemisferio izquierdo) del cerebro, mientras que los emocionales se reflejaban en la actividad del hemisferio derecho. Después de trabajar algunos meses con esta técnica, algunos sujetos reportaron ser capaces de diferenciar su hemisferio izquierdo del derecho en su experiencia interna y algunas veces tuvieron la impresión de estar en un "lugar de unidad" desde el cual era posible la observación de su actividad cerebral como si fueran testigos externos de ella. Cuando este nivel de desarrollo era logrado, era claro que la relación entre la experiencia subjetiva y EEG era isomórfica, únicamente mientras los sujetos estaban en el proceso de aprendizaje.

Cuando terminaba el proceso y eran capaces de controlar con maestría su actividad cerebral, aparecía una especie de independencia entre experiencia y actividad cerebral. Esta independencia no carecía de sensibilidad como cuando los sujetos fueron sometidos por primera vez a la técnica.

Las reacciones de nuestros sujetos, cuando fueron capaces de reconocer cómo sus estados emocionales e intelectuales coincidían y estaban relacionados con las características de su actividad EEG, eran deliciosas de compartir y observar, constituyeron un incentivo motivacional muy poderoso para ambos, los sujetos y el autor del experimento.

Durante la aplicación de la técnica de biorretroalimentación de potenciales provocados, los sujetos reportaron diferentes experiencias relacionadas a la aparición y modificación de la morfología de sus potenciales.

Desafortunadamente, las observaciones eran tan variables en su naturaleza que nada puede decirse acerca de ellas, excepto una tendencia general de sentir una sensación de desintegración del sentido de límites y diferencia según los sujetos se fueron acercando a los primeros componentes de la morfología de sus potenciales provocados.

En cambio, esta tendencia se invertía cuando los sujetos focalizaban su atención en los componentes de mayor latencia de sus potenciales provocados. En este caso, los sujetos reportaban experiencias asociadas con procesos conceptuales complejos y, en general, sus vivencias correspondían a estados de mayor integración yoica.

Resultados de la correlación

Se tomaron un total de 654 muestras de EEG en los cuales se logró correlacionar la actividad cerebral con reportes verbales acerca de los estados subjetivos.

El análisis de estas correlaciones que se presentarán a continuación fue realizado de la siguiente forma:

1) Se dividieron los índices de correlación inter y transhemisférica en cinco categorías:

0 - nula correlación

1 - baja correlación

2 - media correlación

3 - alta correlación

4 - máxima correlación

2) Para cada categoría, se revisaron los protocolos en los cuales se anotaron los reportes verbales.

3) Los reportes verbales se dividieron en cinco categorías de la siguiente forma:

0 - reportes de dispersión, desequilibrio y ansiedad

1 - ansiedad disminuida

2 - relativa calma y sensación de integración

3 - calma, equilibrio y contacto con el yo

4 - total equilibrio e integración yoica

Esta división otorgó importancia a los índices de emocionalidad y contacto yoico, porque los estudios piloto indicaron que estados bajos de correlación interhemisférica se asociaban con estados internos del desequilibrio, mientras que altos niveles de correlación interhemisférica se presentan cuando un sujeto logra estar en contacto con su yo en equilibrio, calma e integridad.

Por ello, y con el objeto de comprobar si las observaciones piloto eran correctas, se incorporó este eje de integración-dispersión a la cuantificación.

Del total de 654 muestras, se tomaron al azar cien muestras de actividad EEG con su correspondiente análisis cuantitativo de contenidos.

Estos datos se presentan en la tabla 1.

Los resultados indican que existe una gran relación entre la correlación EEG y los reportes verbales, ya que, en 61 de las 100 muestras escogidas al azar, la diferencia de mediaciones fue nula y en 31 de las muestras restantes, la diferencia solo fue de un dígito. Es decir, en 92% de los casos, a medida que aumentaba la correlación EEG, los sujetos reportaban estar más calmados, centrados, equilibrados y en integración yoica. En cambio, a medida que disminuía la correlación, los sujetos reportaban estados de dispersión.

Por tanto, la unificación de la actividad cerebral, manifestada por la similitud de la actividad EEG, está relacionada con estados de unificación interna, equilibrio y paz.

Se hicieron algunas observaciones cualitativas generales, entre las que destaca el vínculo de la correlación de la actividad del lóbulo frontal con estados de mayor abstracción.

Otra observación interesante es la aparición de imágenes y contenidos de pensamiento cuando la correlación disminuía y se activaban ondas rápidas beta en el registro.

Para todos los sujetos cuando la correlación llegaba a ser máxima (4) se reportaban estados de satisfacción interior intensa, paz y éxtasis, mientras que cuando la correlación era nula (0) los sujetos reportaron estados de dispersión, angustia y miedo junto con sensaciones de ausencia del centro integrador, es decir, sensaciones de desintegración yoica. Dos ejemplos de registros de correlación se presentan a continuación (figuras 1.3 y 1.4).

Tabla 1.

A	B	C	D	A	B	C	D	A	B	C	D	A	B	C	D
1	3	1	2	26	3	3	0	51	0	0	0	76	1	1	0
2	3	3	0	27	1	1	0	52	1	1	0	77	1	3	2
3	2	2	0	28	2	2	0	53	2	2	0	78	1	1	0
4	4	3	1	29	4	3	1	54	0	0	0	79	1	1	0
5	2	2	0	30	3	1	2	55	1	2	3	80	3	3	0
6	3	3	0	31	3	3	0	56	0	1	1	81	1	2	1
7	1	1	0	32	1	1	0	57	3	2	1	82	2	3	1
8	2	1	1	33	1	1	0	58	2	2	0	83	4	4	0
9	1	2	1	34	2	3	1	59	0	0	0	84	2	3	1
10	3	3	0	35	3	3	0	60	0	1	1	85	1	1	0
11	0	0	0	36	0	1	1	61	2	2	0	86	3	3	0
12	2	3	1	37	1	1	0	62	0	0	0	87	1	1	0
13	2	1	1	38	3	1	2	63	0	0	0	88	0	0	0
14	3	3	0	39	0	0	0	64	2	1	1	89	0	1	1
15	0	2	2	40	2	2	0	65	0	1	1	90	0	]	1
16	4	4	0	41	1	2	1	66	0	0	0	91	1	1	0
17	2	1	1	42	1	1	0	67	1	3	2	92	4	4	0
18	4	4	0	43	0	0	0	68	2	1	]	93	0	0	0
19	3	3	0	44	1	1	0	69	0	0	0	94	1	1	0
20	1	1	0	45	2	2	0	70	1	2	1	95	0	1	1
21	3	1	2	46	3	3	0	71	2	2	0	96	2	2	0
22	1	2	1	47	3	2	1	72	2	1	1	97	1	0	1
23	0	1	1	48	0	0	0	73	2	2	0	98	1	2	1
24	3	1	2	49	1	1	0	74	3	3	0	99	1	1	0
25	3	2	1	50	0	0	0	75	0	0	0	100	4	4	0

A: Número de nuestra

B: Correlación EEG

C: Reporte verbal

D: Diferencia

Conclusiones

Este estudio indica que a medida que se incrementa la unificación de la actividad cerebral se activan las funciones de mayor jerarquía del sistema, es decir, aquellas que están asociadas con la integración yoica. Esto apoya la hipótesis de que existe una relación directa entre la activación de procesos de unificación y puesta en marcha de funciones complejas.

Estudios recientes de otros laboratorios están de acuerdo con lo anterior. Por ejemplo, O'Connor y Shaw (1978) mostraron la existencia de una relación entre los niveles de la coherencia interhemisférica en sujetos adultos y las funciones de Witkin de dependencia-independencia del campo. Por otro lado, Orme-Johnson y Haynes (1981) han encontrado una relación entre estados meditativos y niveles de coherencia.

Por otro lado, resulta sumamente interesante haber obtenido claras muestras de un isomorfismo entre la morfología de la actividad cerebral y las características psicológicas sutiles de los estados subjetivos de los sujetos. Puesto que este no es el tema de este libro, no se profundizará más en este punto, pero se sugiere realizar más estudios acerca del mismo.

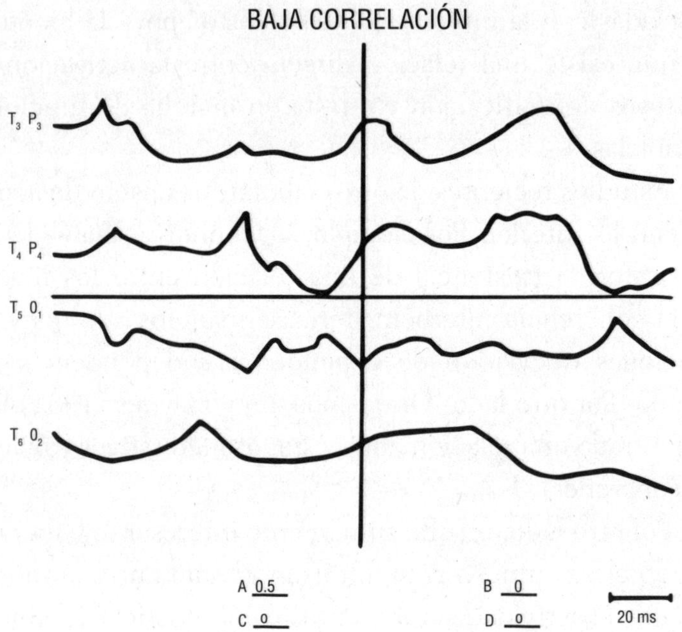

Figura 1.3. Baja correlación

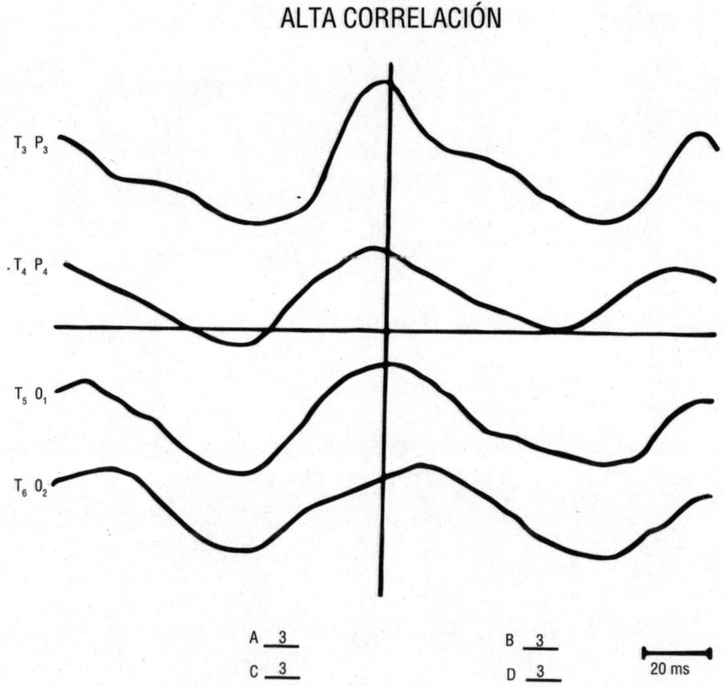

Figura 1.4. Alta correlación.

II

ELECTROFISIOLOGÍA DE LA COMUNICACIÓN HUMANA. ANÁLISIS MANUAL

I. Análisis manual[1]

Introducción

Hemos visto que existe una relación entre los niveles de complejidad de las funciones psicofisiológicas y la unificación y la cantidad de elementos neuronales activados.

Puesto que la comunicación humana es uno de los procesos de mayor complejidad, se pudiera pensar que sus correlativos fisiológicos podrían estar relacionados con algún índice de unificación de la actividad cerebral, específicamente con la coherencia y la correlación interhemisférica. Que esto es así, se deduce de los resultados de los siguientes experimentos.

---

[1] Parte de este capítulo fue publicado en Grinberg-Zylberbaum, J., "Psychophysiological Correlates of Communication, Gravitation and Unity. The Syntergic Theory", *Journal of Psychophysical Systems*, 4: 227-256, 1982.

Experimento I

El experimento I fue realizado con pares de sujetos que se encontraban en comunicación terapéutica, esto es, un analista y un paciente voluntario. Escogimos este tipo de comunicación ya que, por la experiencia del analista, pudimos establecer los criterios para calificar la comunicación, que serán explicados más adelante.

Las sesiones se realizaron en cuartos semisilentes y en la cámara de Gesell; con cada sujeto se realizaron seis sesiones consecutivas, en cada una de las cuales se tomó registro de cuatro derivaciones EEG por sujeto. De esta manera, al concluir el estudio de cada sujeto, teníamos un esquema completo de las 20 zonas cerebrales de acuerdo con el sistema 10-20 internacional. El registro que fue monopolar se realizó utilizando un equipo ALVAR.

Simultáneamente fueron grabadas las sesiones con un equipo de *videotape* Sony, para conservar la imagen y sonido de los sujetos durante el proceso de comunicación.

Las grabaciones fueron analizadas posteriormente por el analista, cuantificando el nivel de comunicación en una escala que iba de cero a 10; siendo cero una ausencia de comunicación y 10 una comunicación directa. Los criterios para establecer esta calificación fueron: análisis de postura, de relajación-tensión, de movimientos corporales y de verbalizaciones.

Con las calificaciones resultantes de este análisis se construyeron gráficas cuantificando el nivel de comunicación en cada uno de los puntos analizados, que fueron elegidos al "azar", procurando un intervalo aproximadamente constante entre ellos. Por otra parte, en los mismos puntos del espacio temporal que el análisis de video, se hizo el análisis de los registros EEG. Ambos estudios se hicieron de manera independiente y a ciegas, o sea que el analizador de los niveles de comunicación nunca conoció los resultados del evaluador del EEG y viceversa.

En el análisis del EEG se correlacionaron pares de registros de sendas derivaciones de acuerdo con su morfología y frecuencia. Cada punto de análisis se estudió y comparó en cuanto a estos parámetros, teniendo la primera un valor de 60% y la segunda uno de 40%, que sumadas daban el valor de coherencia total en una escala de 0 a 100 (los detalles del análisis se pueden ver en el experimento III), el cero implicando la ausencia total de similitud entre los patrones y el 100 una similitud total. Al igual que con el video, se construyeron gráficas de los estados del EEG y finalmente se confrontaron ambos grupos de datos.

En el experimento I, se intentó dar respuesta a tres preguntas:

1. ¿Existe una correlación entre los niveles de comunicación entre patrones EEG de zonas cerebrales de pacientes y terapeuta?

2. ¿Existe alguna relación entre los niveles de comunicación y la coherencia entre las zonas del cerebro del terapeuta o del paciente?

3. ¿Existe una relación entre la coherencia de zonas del cerebro del terapeuta y las zonas del cerebro del paciente?

La primera pregunta fue contestada relacionando las variaciones en los niveles de correlación, entre los patrones EEG de ambos cerebros en zonas homologas de los mismos.

La segunda fue resuelta relacionando las variaciones en los niveles de comunicación con los cambios de los niveles de coherencia de dos zonas del cerebro del paciente (por un lado) y del terapeuta (por el otro).

La tercera pregunta se solventó analizando la coherencia entre dos zonas del cerebro del paciente con la coherencia de las zonas del cerebro del terapeuta.

De todas las combinaciones posibles se obtuvieron índices de correlación que se presentan a continuación:

Primeramente, se halló una correlación de +0.58 entre la comunicación y la coherencia entre las zonas T izquierda de un paciente y terapeuta. Esta, que fue de las más altas, implica que los patrones de esta zona se hacían similares a medida que aumentaban los niveles de comunicación y diferían cuando la comunicación bajaba de nivel (gráfica 1).

La coherencia entre las derivaciones centrales, C3 y C4 del terapeuta tuvieron una correlación negativa de 0.40 (gráfica 2) con los niveles de comunicación, mientras que la del paciente fue positiva en +0.34 (gráfica 3). Esto indica que la comunicación aumentaba a medida que disminuía la coherencia del cerebro del terapeuta y aumentaba la del paciente.

Como resultado de esto se pudo responder a la tercera pregunta planeada, hallándose para esta una correlación de 0.44 (gráfica 4). Esto quiere decir que sí existe una relación entre la coherencia de dos zonas del paciente y dos zonas del terapeuta.

Habiendo llegado a este punto se pudieron plantear ciertas conclusiones:

1. Algunas zonas cerebrales guardan mayor relación entre la actividad EEG y los niveles de comunicación que otras (hasta el momento se ha encontrado esto de una manera muy clara en las zonas temporo-parietales izquierdas).

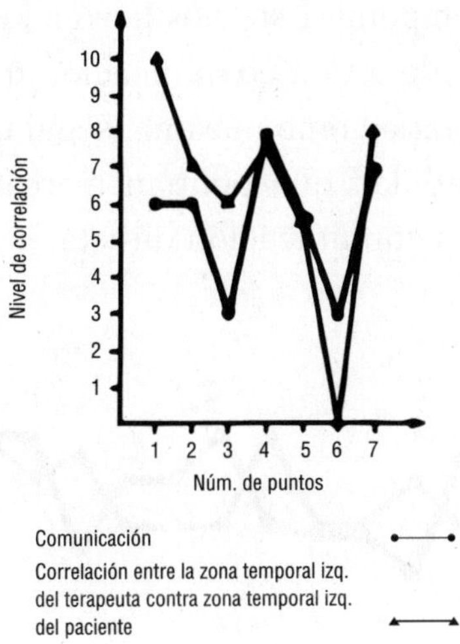

Gráfica 1. Muestra la relación hallada entre el nivel de comunicación y la coherencia de las zonas T izquierdos de un paciente y el terapeuta, en siete diferentes puntos del registro. La correlación estadística fue de r= +0.58. Esto indica que a medida que aumentaban los niveles de comunicación, los patrones EEG en esta zona se hacían más similares y diferían a medida que la comunicación bajaba. El eje vertical X0.1.

2. Dos cerebros adquieren y manifiestan patrones similares de actividad dependiendo de la comunicación (sobre todo preverbal) que ocurra entre ellos.

Se hizo un análisis más fino de estos datos, debido a lo que se encontró al analizar los registros, que en el momento en que la comunicación llegaba a ser de 10, esta se mantenía de una manera constante por un tiempo, mientras que en ocasiones se presentaban cambios importantes en los patrones EEG de los dos individuos simultáneamente y en el mismo espacio temporal. Esto nos llevó a pensar que aunque se había llegado a una comunicación que tradicionalmente se consideraría como máxima, seguramente existían niveles de profundidad que podrían marcar la diferencia entre estar o no en comunicación directa.

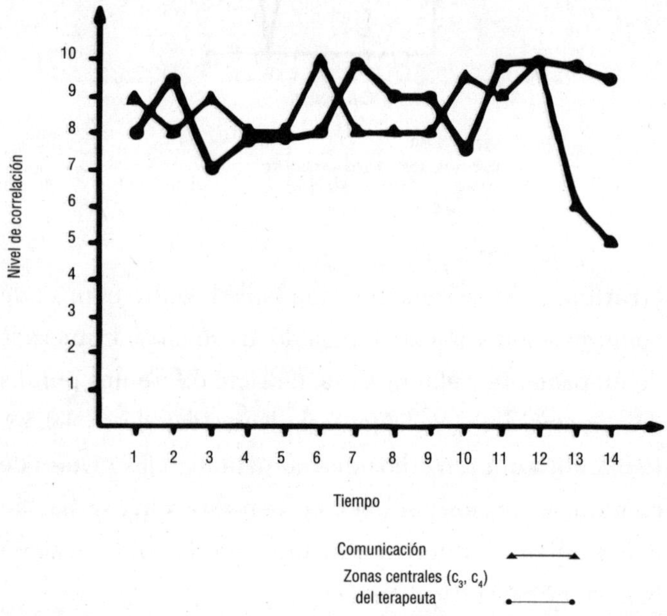

Gráfica 2. Presenta la correlación que se halló entre el nivel de comunicación y la coherencia de las zonas centrales de un sujeto en 14 puntos del registro, siendo esto de r= -0.40. Esto significa que a medida que aumentaba la coherencia cerebral del sujeto en estas zonas, disminuía el nivel de comunicación y viceversa. El fenómeno fue altamente repetitivo. El eje vertical X0.l en esta y en las figuras B-3, B-4, B-5 y B-6.

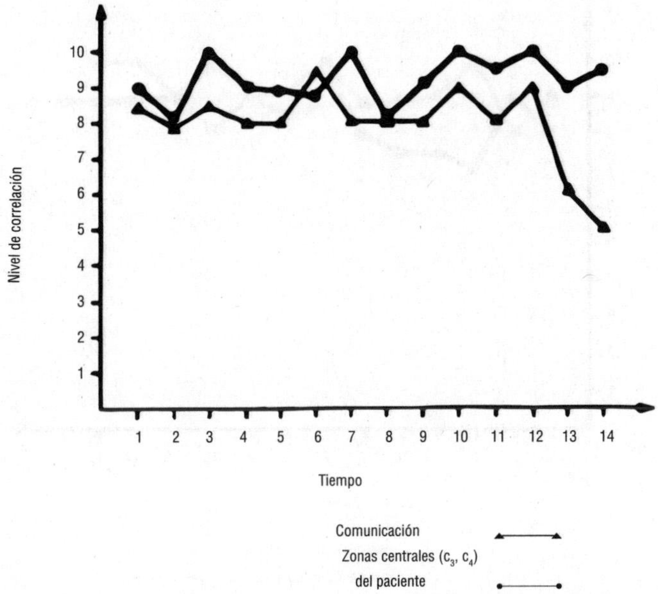

Gráfica 3. Muestra el efecto contrario del que se encontró en la gráfica B-2. En la misma sesión y analizando los mismos 14 puntos, la correlación estadística fue de r= +0.34. Significa esto que, conforme aumentaba la coherencia cerebral de este sujeto en estas zonas, la comunicación aumentaba y viceversa.

Procedimos entonces a interpretar los datos, partiendo de los puntos que mostraban un cambio relevante desde el punto de vista electroencefalográfico. Auxiliándonos con las cintas de video, llegamos a los siguientes resultados:

1. En las sesiones en las que el terapeuta reportó tener mayor empatía con el paciente, la coherencia entre los patrones cerebrales de ambos sujetos era más constante y casi no sufría modificaciones en el momento de estar en comunicación máxima (gráfica 5).

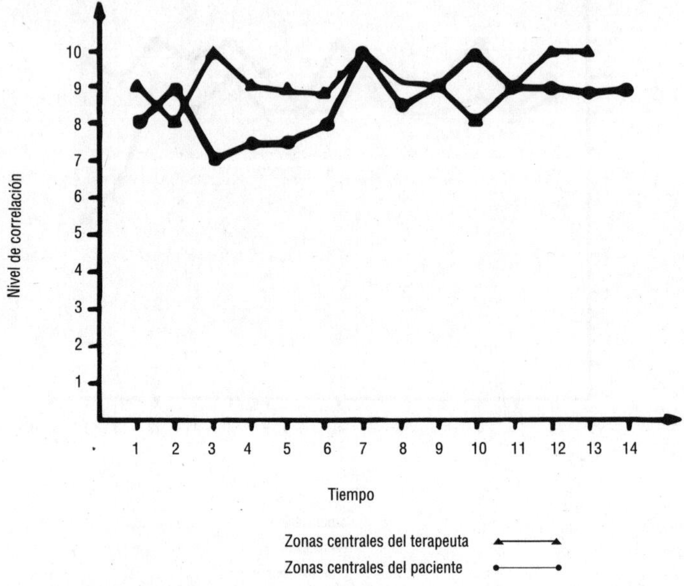

Gráfica 4. Está constituida por los 14 puntos que muestran la coherencia cerebral de cada uno de los sujetos de las gráficas B-2 y B-3. La correlación estadística fue de r= -0.44 y esto implica que a medida que aumentaba la coherencia cerebral en las zonas centrales de un sujeto, disminuía la coherencia en las mismas zonas del segundo sujeto y viceversa.

2. Por el contrario, en los sujetos que mostraron menor empatía, las variaciones fueron mucho mayores en calidad como en cantidad. Esto, además de repercutir en el valor de correlación —el cual disminuyó notablemente—, no alcanzaba una estabilidad entre la actividad de ambos cerebros (gráfica 6).

Experimento II

Este experimento tuvo un agregado importante, que fue la inclusión de una tercera persona en el sistema de comunicación, comenzando así la etapa en la que se estudió la comunicación en grupo. A continuación, se expondrán preliminares.

Partiendo de los hallazgos mencionados anteriormente, decidimos que para eliminar algunas de las variables no controladas sería importante que los tres individuos estuvieran realizando el mismo tipo de actividad. De esta manera sería más fácil detectar los cambios reales que se producían en la actividad individual y la influencia que estos cambios ejercían sobre la actividad de los demás.

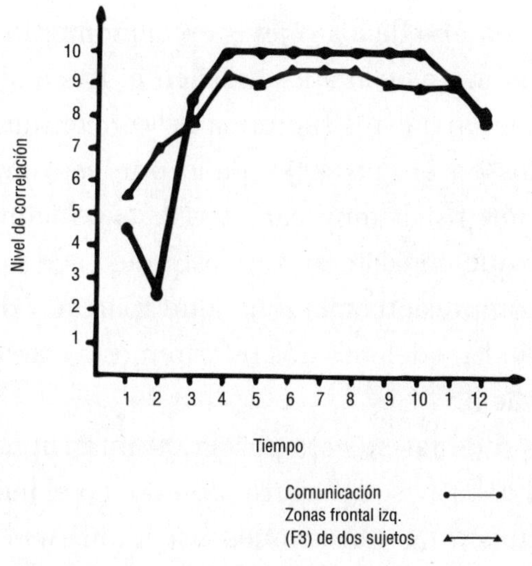

Gráfica 5

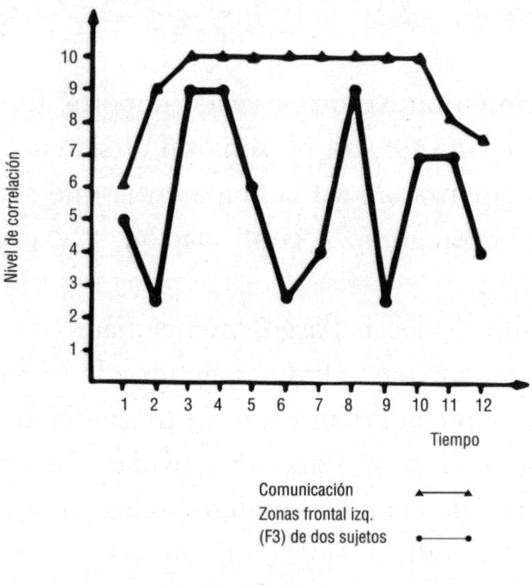

Gráfica 6

Se registraron dos derivaciones bipolares en el lóbulo frontal de cada uno de los sujetos en el momento en que se encontraban en una cámara semisilente. Las instrucciones que se les dieron a estos fueron la de concentrarse con los ojos cerrados en el entrecejo, dado que esto proporciona una sensación física muy característica y fácilmente discriminable, que consiste en un cosquilleo acompañado de una ligera compresión en la zona, que aparece y desaparece súbitamente. En adelante nos referiremos a este fenómeno como "activación".

Cada uno de los sujetos poseía un interruptor por medio del cual daba aviso al experimentador en el momento en el que percibía estas sensaciones, así como en el momento en que dejaba de tenerlas (activación y desactivación).

De esta manera, se pudieron analizar los datos obtenidos del EEG bajo tres modalidades.

1. Cuando de manera exclusiva cada uno de los sujetos estuviera activado.

2. Cuando dos de los sujetos se hubieran activado.

3. Cuando existieran sensaciones de activación en los tres individuos.

Por un lado se comparó la actividad EEG presentada por cada sujeto con la de cada uno de los demás en las tres modalidades y, por el otro, se buscaron las variaciones específicas que pudieron presentar cada uno de ellos a lo largo de la sesión para verificar posteriormente si estas variaciones correspondían a cambios de modalidad.

El número de puntos analizados en cada una de estas situaciones particulares se decidió procurando una similitud en cuanto a tiempo de duración de cada estado.

El análisis arrojó los siguientes datos:

1. En repetidas ocasiones, dos o los tres sujetos indicaron simultáneamente algún cambio de estado (ya fuera activación o desactivación) (figura 2.1).

2. Uno de los sujetos mostró en todas las sesiones un decremento importante en voltaje de su actividad eléctrica cerebral, cuando los otros dos sujetos estaban activados, sin embargo, esta no siempre se restituía en el momento mismo de desactivarse uno de los sujetos.

3. En las últimas sesiones se percibe un cambio importante en el registro EEG, algunos segundos antes de que se dé el aviso formal de cambio por medio del interruptor. Estas variaciones fueron a veces en el mismo sentido de aumento de actividad y otras de disminución de esta (figura 2.1).

4. Cada vez que uno de los sujetos estuvo activado, mostró mayor coherencia cerebral que al no estarlo, y casi

siempre al activarse dos de los sujetos, el registro mostraba coherencia en los tres (figuras 2.2 y 2.3).

5. Se descubrieron otros cambios en frecuencia, amplitud y morfología de las ondas, sin embargo, son necesarias posteriores investigaciones para sondear más a fondo estos resultados.

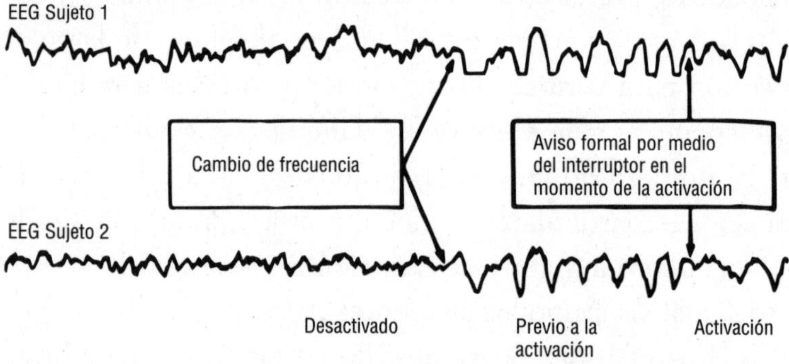

Figura 2.1. Aquí se muestra en primer lugar un cambio en el registro EEG de dos sujetos, antes de que se dé el aviso formal de cambio de estado, y en segundo lugar la simultaneidad del aviso formal de cambio de estado.

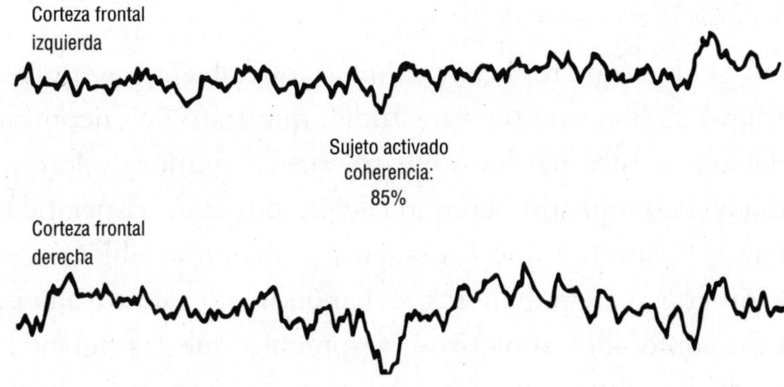

Figura 2.2. Muestra cómo un sujeto, al estar activado, presenta un nivel alto de coherencia.

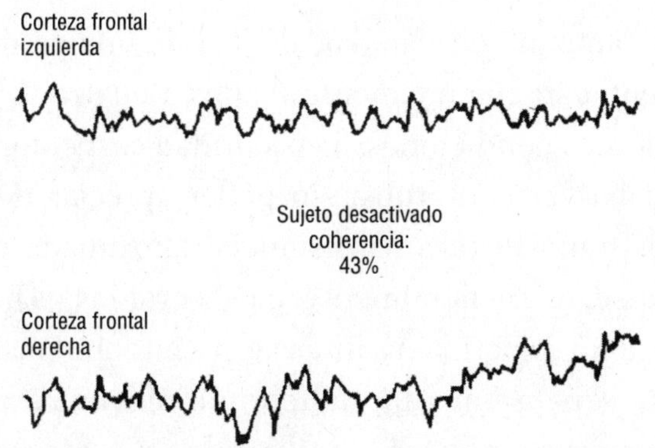

Figura 2.3. Muestra cómo un sujeto presenta un nivel relativamente bajo de coherencia cuando no está activado.

Experimento III

Con el objeto de replicar y ampliar los trabajos anteriores, se llevó a cabo este tercer estudio, que trató de encontrar relaciones entre patrones electroencefalográficos y lo que hemos denominado "comunicación directa". Específicamente, se intentó que los sujetos probaran establecer relación con sus compañeros, echando mano exclusivamente de contenidos subjetivos (se procuró que las personas estudiadas estuvieran inmóviles, pero en una situación de completa libertad para expresarse, sin reprimir ningún sentido interno), al mismo tiempo que se realizaba un registro electroencefalográfico (EEG) de varias zonas del cráneo, de dos o más personas.

Procedimiento

En una campana de Faraday, dentro de una cámara silente, se sentaban cómodamente de dos a cuatro sujetos bajo las siguientes condiciones: 1) oscuridad casi completa, que solo dejaba ver contornos, sin poder apreciar detalles; 2) sentados inmóviles a una distancia aproximada de 20 cm sin tocarse; 3) generalmente ojos cerrados; 4) tratar de atender a su experiencia interna; 5) intentar mantener lo más libre el pensamiento, sin reprimir ninguna experiencia, y 6) procurar comunicarse, utilizando únicamente material subjetivo, como puede ser por ejemplo: evocar imágenes, recordar eventos, mantenerse en un estado apropiado para la recepción y emisión de mensajes.

Cada uno de los sujetos estaba alambrado con electrodos en la corteza frontal (alrededor de F7, F3, F4 y F8), y en algunas ocasiones también en corteza temporal (alrededor de T3, T5, T4 y T6), siendo el registro bipolar. Los electrodos se conectaban con un sistema de amplificación y registro (polígrafo Beckman de ocho canales), de modo que la actividad EEG de las personas estudiadas era registrada en papel polígrafo por un cierto periodo, generalmente de dos minutos (ensayo), en el que los participantes trataban de no repetir ningún contenido subjetivo, al mismo tiempo que ensayaban comunicarse. Posterior a esto, los sujetos reportaban verbalmente qué experiencias subjetivas recordaban, las cuales eran grabadas y escritas.

La eficacia de este intento de comunicación se cuantificaba comparando el reporte verbal de los sujetos, en cuanto a semejanza o relación de su contenido, de tal forma que si el reporte verbal de dos personas coincidía en uno o más elementos, se consideraba a este como de nivel alto de comunicación; por el contrario, si no había semejanza de elementos y cada uno de los reportes difería en el tema, se le calificaba como de baja comunicación. Se construyó una escala de 0 a 3, en la cual el cero significaba completa ausencia de relación y el tres, comunicación directa.

Con el objeto de hacer más confiable esta apreciación, la evaluación de la escala se llevó a cabo independientemente y a ciegas por dos investigadores, comparándose posteriormente estas calificaciones.

Las dos apreciaciones tuvieron una correlación estadística de: $r = +0.89$, siendo estadísticamente significativa con una probabilidad asociada de ocurrencia por azar menor a 0.05 (véase tabla 2).

Más adelante, tomando en cuenta esta cuantificación, se comparó esta con el análisis de la actividad EEG de los sujetos (véase más adelante), haciéndose esta confrontación "a ciegas", es decir, se compararon las calificaciones del análisis EEG sin conocer previamente las del reporte verbal.

Se calificaba un segundo de actividad EEG de cada una de las derivaciones, denominándose esta zona estudiada, "punto". Cada ensayo se examinaba en cinco puntos, consistiendo una sesión generalmente de cinco ensayos. El análisis se realizó "a mano" (sin la ayuda de instrumentos) por no existir equipo capaz, hasta la fecha, de llevar a cabo una comparación de tal naturaleza.

Cada punto de análisis se estudió y comparó con los puntos del resto de las derivaciones en cuanto a tres parámetros: 1) morfología; 2) frecuencia; 3) fase; cada uno con un valor diferente, 1) 50%, 2) 30% y 3) 20%, que sumadas daban el valor de la coherencia total en una escala de 0 a 100. El último parámetro (fase) se introdujo en este tercer experimento con el objeto de proporcionar una nueva referencia que ayudara a hacer más fiel el análisis de coherencia efectuado.

Tabla 2.
Calificaciones del reporte verbal
Calificación (escala de 0-3)

Sesión (fecha)	*Ensayo (parte)*	*Observador 1*	*Observador 2*
5/julio/79	1	0	0
	2	1	0
	3	1	0
	4	2	1
	5	3	3
	6	2	2

Sesión (fecha)	*Ensayo (parte)*	*Observador 1*	*Observador 2*
9/julio/79	1	2	1
	2	2	2
	3	0	0
	4	0	0
	5	2	1
12/julio/79	1	2	2
	2	3	2
	3	0	0
	4	1	2
	5	0	0
	6	0	0
16/julio/79	1	0	0
	2	2	3
	3	0	0
	4	1	1
	5	3	3

Esta tabla muestra las apreciaciones de dos observadores sobre la similitud de los reportes verbales (en una escala de 0 a 3). La correlación estadística de las apreciaciones fue de: r= +0.89, siendo estadísticamente significativa con una probabilidad asociada de ocurrencia por azar menor a 0.05.

La exploración de la morfología se realizó cotejando la forma o configuración de un segundo de actividad EEG de dos derivaciones. Se construyó una escala de 0 a 50, en la cual cero implicaba morfologías disímiles y 50 morfologías idénticas.

La frecuencia se reconoció comparando el número de ciclos en un segundo (cps) de cada derivación; dándose valores de 0 a 30, dependiendo de la semejanza o diferencia en el número de cps, de cada canal; por ejemplo: si las dos derivaciones comparadas coincidían en el número de cps, se daba un valor de 15, y si la desigualdad era de 10 o menor, se refería a un valor de cero.

Para estudiar la semejanza en fase, se echó mano de una escala de 0 a 20, en la cual el cero significaba ausencia de similitud completa en cuanto al alejamiento temporal de un grupo de ondas parecidas de dos derivaciones, es decir, cuando un grupo de ondas de una derivación se empalmaba perfectamente con la otra, esto significaba la calificación más alta; si el alejamiento se hacía tan marcado que uno de los extremos del grupo de ondas dejaba de tocar a cualquiera de los dos extremos del grupo de ondas parecido de la otra derivación, la calificación era la mínima.

La coherencia final entre dos puntos está completamente dada por la suma de los valores de similitud, resultante de la morfología, frecuencia y fase, y se expresan en una escala de 0 a 100, siendo el cien coherencia completa, y el cero ausencia total de coherencia.

Se construyeron gráficas (véanse gráficas 7 a 11) en las que la abscisa indicaba los cinco puntos de análisis y la ordenada la cantidad de coherencia o similitud. En las gráficas se presentan principalmente resultados de coherencia intrasujeto y coherencias promedio de todas las posibles comparaciones (coherencia promedio total) (véanse gráficas 7 a 11). En la tabla 3 se presentan los resultados de una evaluación "a simple vista" del conjunto de las coherencias intrasujetos y coherencias promedio, total de dos investigadores utilizando una escala de 0 a 3, y la correlación estadística de algunos pares de coherencias. La correlación estadística de las dos apreciaciones fue: $r = +0.48$, siendo estadísticamente significativa con una probabilidad asociada de ocurrencia por azar menor de 0.05. Además, en las gráficas se presentan las transcripciones de los reportes verbales de los sujetos involucrados.

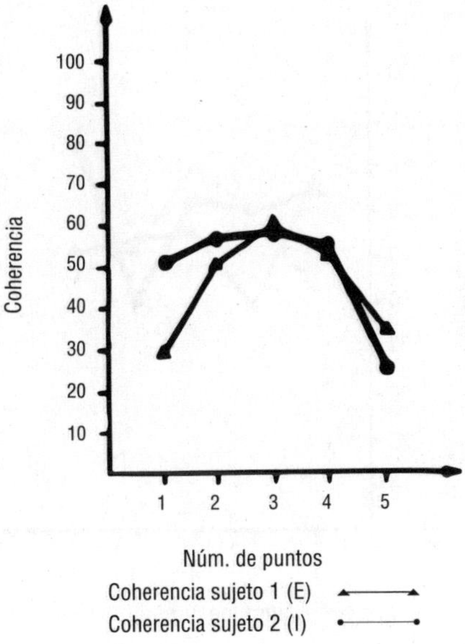

Gráfica 7. En esta gráfica y en la correlación estadística que se presenta se puede observar la relación que existe entre la coherencia EEG de los sujetos, así como de los reportes verbales.

Se presenta el nivel de coherencia interhemisférica de las zonas frontales y temporales de dos sujetos, en cinco diferentes puntos del registro EEG (duración del registro 2' 10").

La correlación entre estos dos sujetos fue r= +0.96, siendo estadísticamente significativa con una probabilidad asociada de ocurrencia por azar menor a 0.05.

Reporte verbal:

Sujeto 1: primero imagen de un trofeo con unas manos hacia arriba. Pensando en imágenes. Al último "metiéndose" en la meditación.

Sujeto 2: Se dejó ir. Imagen de un trofeo deportivo de oro. Muchas imágenes. Vio al sujeto 1 tal y como está sentado. Después imagen de la Patagonia y trofeo de oro.

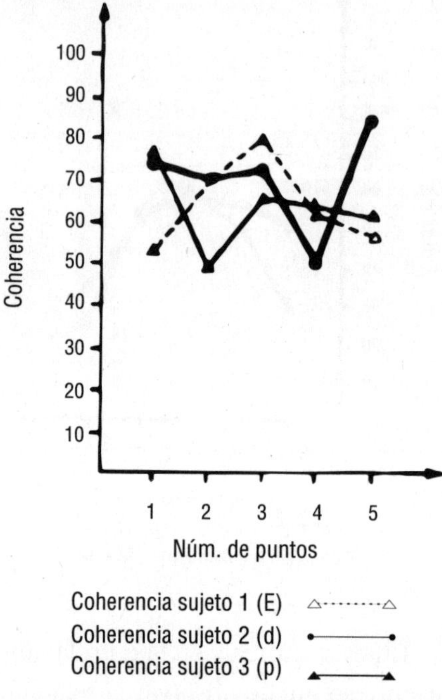

Gráfica 8. En esta gráfica y en la correlación estadística que se presenta se puede observar la falta de relación entre la coherencia EEG de los sujetos, así como de los reportes verbales.

Se presenta el nivel de coherencia interhemisférico de zonas frontales de tres sujetos, en cinco diferentes puntos de registro EEG (duración del registro 2'5").

La correlación estadística entre el sujeto 1 y el sujeto 2 fue de: r= +0.09, no siendo estadísticamente significativa.

Reporte verbal:

Sujeto 1: Pensó que era muy rápido. No le daba tiempo de comunicarse.

Sujeto 2: Dolor o presión en el ojo izquierdo. Recepción de mensaje inespecífico que termina al apagarse el polígrafo.

Sujeto 3: Trató de recibir un mensaje, sintió que ellas también trataban de recibir un mensaje.

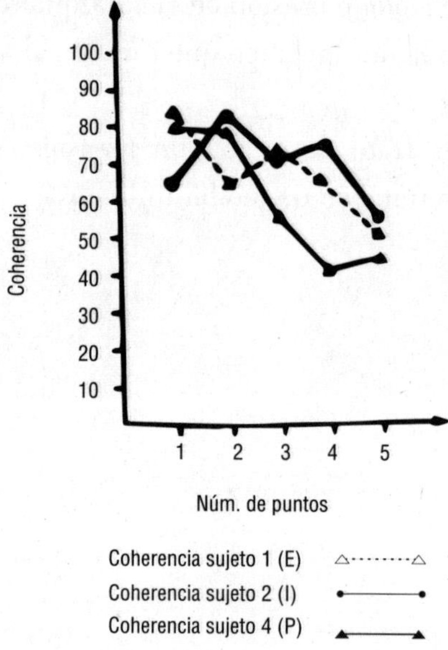

Gráfica 9. Gráfica que presenta un ejemplo de coherencia que se agrupan en la parte alta de la misma (por encima del valor 50).

Reporte verbal:

Sujeto 1: Pensó que la comunicación no es recibir ni transmitir mensajes. Después dolor en el lado izquierdo de la sien.

Sujeto 2: Trató de recibir un mensaje, pero las sintió bloqueadas.

Sujeto 3: No sintió comunicación.

Sujeto 4: Presión en el ojo izquierdo. Como recepción de mensaje inespecífico y hambre.

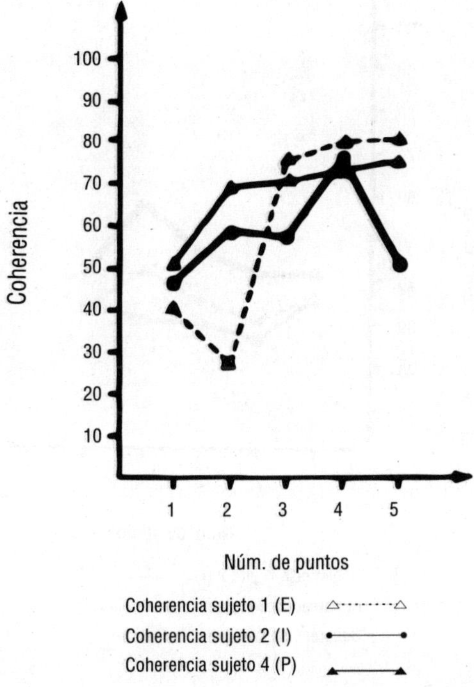

Gráfica 10. Gráfica que presenta un ejemplo de coherencia que se agrupan en la parte media de la misma (alrededor del valor 50).

Reporte verbal:

Sujeto 1: Primero en expectativa, luego trató de concentrarse y relajarse. Se mantuvo así tratando de sentir los sujetos 2 y 4.

Sujeto 2: Mandó la imagen de unos planetas. Luego trató de recibir un mensaje de los otros sujetos y no pudo.

Sujeto 3: Pensamientos dispersos.

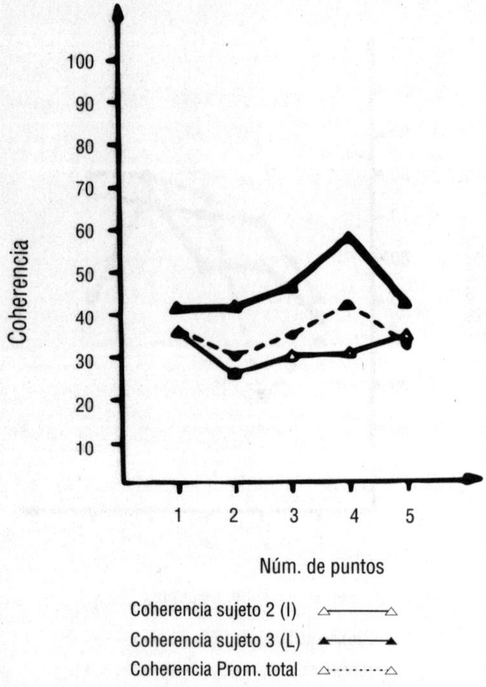

Gráfica 11. Gráfica que presenta un ejemplo de coherencias que se agrupan en la parte baja de la misma (por debajo del valor 50).

Reporte verbal:

Sujeto 2: Primero pensando en el sujeto 1. Súbitamente la imagen de la gran pirámide. La esfinge se transformó en un Chac-Mol y luego de nuevo en la esfinge de la gran pirámide. Veía al león con cabeza de mujer. Veía la pirámide y el león.

Sujeto 3. Trató de mandar imágenes de pirámides. Le vino la imagen de pirámides como montones de hielo en el Polo Norte. Pensó en ovnis.

Resultados

Si comparamos la tabla 2 con la tabla 3, nos podemos dar cuenta de que los reportes verbales que comparten calificaciones altas de los dos observadores generalmente coinciden (5 a 7) con gráficas en las que existe una correlación alta, de por lo menos un par de coherencias. La tabla 4 muestra las sesiones en que esta relación fue más marcada. Presentamos a continuación dos reportes verbales interesantes (uno muy relacionado y el otro no), con su respectiva relación estadística (véanse gráficas 7 y 8). El 16 de julio de 1979, dos sujetos alambrados en corteza frontal derecha e izquierda reportaron verbalmente lo siguiente: Sujeto 1. Primero, imagen de un trofeo con unas manos hacia arriba; pensando en imágenes; al último "metiéndose" a la meditación. Sujeto 2. Se dejó ir; imagen de un trofeo deportivo de oro; muchas imágenes; vio al sujeto tal y como está sentado; después imagen de la Patagonia y trofeo de oro. La correlación estadística de los niveles de coherencia interhemisférica de ambos sujetos fue de: r = +0.96, siendo estadísticamente significativa con una probabilidad asociada de ocurrencia por azar menor de 0.05.

Tabla 3.
Apreciación visual y correlación estadística de los valores graficados

Sesión (fecha)	*Ensayo (parte)*	*Observador 1*	*Observador 2*	*r*
5/jul.	1	1	1	I-P = +0.52
	2	1	1	E-I = +0.09
	3	2	2	E-I = +0.31
				P-E = +0.57
	4	1	0	I-P = +0.47
	5	2	2	E-I = +0.62
	6	2	1	E-P = +0.61
				E-I = –0.05
9/jul.	1	1	2	L-E = +0.53
	2	3	3	L-E = +0.94
				E-I = +0.79
				L-I = +0.64
	3	1	2	L-I = –0.77
	4	1	1	E-L = +0.01
				I-L = –0.86
	5	2	0	E-L = +0.49
12/jul.	1	2	3	L-I = –0.32
				I-c. tot. = +0.85
	2	3	3	L-I = –0.16
				L-c. tot. = +0.89
	3	2	1	I-L = –0.39
	4	2	2	I-L = +0.52
	5	2	2	I-L = –0.66
	6	1	2	I-L = +0.04
16/jul.	1	2	0	E-I = –0.36
	2	2	1	E-I = –0.42
	3	2	2	E-I = +0.42
	4	2	3	E-I = +0.94
		2	3	temporales (') = +0.37
	5	3	3	E-I = +0.96
		3	3	temporales (') = +0.96

Esta tabla presenta la apreciación visual de dos observadores de los valores graficados, así como su correlación estadística.

La correlación estadística entre los observadores fue de: r = +0.48, siendo estadísticamente significativa con una probabilidad asociada de ocurrencia por azar menor a 0.05.

Para los valores de r, el punto de decisión fue de: r =0.878. I-c. total = coherencia promedio total, E = sujeto 1, I = sujeto 2, L = sujeto 3, P = sujeto 4 (') = r de temporales izquierdos contra temporales derechos-temporales-izquierdos.

Tabla 4.
Calificaciones de gráficas de coherencia que coinciden con calificaciones de reportes verbales similares

	Ensayo	*Calificación reporte verbal*		*Calificación valores graficados*	
Sesión (fecha)	*(parte)*	*Observador 1*	*Observador 2*	*Observador 1*	*Observador 2*
5/jul./79	5	3	2	2	2
9/jul./79	2	2	2	3	3
12/jul./79	1	2	2	2	3
	2	3	2	3	3
16/jul./79	5	3	3	3 (3")	3 (3')

Nota: (') = valores graficados de cortezas temporales.

Esta tabla muestra comparativamente las apreciaciones tanto de los reportes verbales como de las graficaciones.

El 5 de julio de ese mismo año, tres sujetos alambrados en corteza frontal derecha e izquierda reportaron lo que sigue: Sujeto 1. Pensó que era muy rápido; no le daba tiempo de comunicarse. Sujeto 2. Dolor o presión en el ojo izquierdo; recepción de mensaje inespecífico que termina al apagarse el polígrafo. Sujeto 3. Trató de recibir mensaje, sintió que ellas trataban de recibir un mensaje. La correlación estadística de los niveles de coherencia interhemisférica más parecidos (sujeto l y 2) fueron: r = + 0.09.

Dentro de los reportes verbales, que coinciden con coherencia que se correlacionan, se puede hacer la siguiente subdivisión:

a) Gráficas correlacionadas de coherencia alta, que vendrían a ser coherencias que presentan la mayor parte de sus puntajes por arriba del valor 50 (gráfica 9).

b) Gráficas correlacionadas de coherencia media, que serían coherencias que presentan la mayor parte de sus puntajes alrededor del valor 50 (gráfica 10).

c) Gráficas correlacionadas de coherencia baja, que obviamente serían coherencias que presentan la mayor parte, de sus puntajes por debajo del valor 50 (gráfica 11).

En este estudio esta subdivisión no es muy marcada, por el pequeño número de casos que pertenecen a subdivisiones extremas (altas y bajas), sin embargo, las presentamos puesto que marcan posibles tendencias que en estudios posteriores se pueden reforzar más.

De los reportes verbales que concuerdan con coherencias altas se puede decir que aparentemente expresan un estado de tranquilidad y sentimientos de bienestar en el sujeto. Los que comparten coherencias bajas manifiestan, en su mayor parte, la aparición de imágenes visuales.

Cuando no existía correlación entre los sujetos o zonas, generalmente aparecían reportes de temas disímiles y falta de comunicación directa, estando en ocasiones algunos de los sujetos con expectativa de que sucediera algo relacionado con la satisfacción de necesidades, que podríamos llamar "materiales", por ejemplo: pensar en obtener tal o cual objeto, o tal o cual situación (gráfica 8).

En resumen, podríamos decir que una comunicación directa se relacionó en este estudio con la aparición de coherencia EEG que se correlacionaba entre sí, independientemente del nivel, ya fuera alto o bajo, de coherencia que presentaban. En contraste, un nivel bajo de coherencia traía aparejada una falta de comunicación directa y la aparición de expectativas al futuro en algunos sujetos. Cuando, por otro lado, las coherencias eran altas, se reportaban sentimientos de bienestar y tranquilidad, pero cuando eran bajas, imágenes vívidas.

Conclusiones

En conclusión y de acuerdo con los resultados que se expresan antes, se podría afirmar que la comunicación se hacía más efectiva entre los sujetos, conforme más coincidía el nivel de su coherencia inter y/o intrahemisférica, independientemente de si fuera esta alta o baja.

Lo anterior está de acuerdo con la hipótesis inicial que señala una relación estrecha entre procesos complejos o funciones de un alto grado de evolución y la unificación de la actividad electrofisiológica del cerebro.

La comunicación humana en cualquiera de sus niveles es una de las funciones más complejas y recientes en la evolución de los organismos. El hecho de que su correlativo electrofisiológico sea precisamente la coherencia interhemisférica indica que se asocia con procesos de unificación de la mayor complejidad. Puesto que ya vimos antes que la coherencia y la correlación interhemisférica son la sustentación fisiológica de las experiencias del yo y la función yoica es de las más complejas existentes, la relación entre procesos de unificación y la complejidad funcional quedan demostradas experimentalmente.

III

PATRONES DE CORRELACIÓN INTERHEMISFÉRICA DURANTE LA COMUNICACIÓN HUMANA. ANÁLISIS AUTOMATIZADO[1]

Introducción

Hemos visto que existe una relación entre la complejidad de una función y el número y correlación de elementos neuronales que le dan origen. Un ejemplo de esta relación se mostró en el capítulo anterior, en el cual se describió una medida electrofisiológica (la coherencia interhemisférica) asociada con el proceso complejo de la comunicación humana.

Cuando tuvimos la oportunidad de utilizar una computadora PDP 11-40 instalada en la Facultad de Psicología, nos propusimos automatizar el cálculo de la correlación interhemisférica, desarrollando un programa que permitió, por primera vez, graficar una serie de correlaciones interhemisféricas en forma de patrones y así volvimos a poner

[1] Gracias a la ayuda de Miguel Ángel Guevara, Daniel Zarabozo y Julieta Ramos por el desarrollo de los programas utilizados.

a prueba experimental la hipótesis original con un método más estricto y confiable que el utilizado anteriormente.

En este capítulo se presentan los resultados obtenidos durante los últimos años, utilizando este cálculo de patrones de correlación interhemisférica.

Método

Sujetos adultos eran invitados a sentarse cómodamente en el interior de una cámara de Faraday sonoamortiguada. Los sujetos eran instruidos a permanecer tranquilos, en condiciones de oscuridad casi total, con los ojos cerrados, sin proferir palabra alguna y estando separados uno del otro por una distancia de aproximadamente 50 cm. En esta situación era registrada la actividad electroencefalográfica del hemisferio derecho e izquierdo de cada sujeto, en derivaciones bipolares fronto-occipitales. En algunos sujetos también se utilizaron registros monopolares. La actividad electroencefalográfica era amplificada utilizando un polígrafo Beckman con filtros de entre 3 y 45 hertz. La actividad electroencefalográfica era captada en una grabadora instrumental de FM y después transformada a dígitos mediante un convertidor analógico digital y sometida a un análisis, utilizando una computadora PDP 11-40. La mayor parte de los experimentos se realizaron con parejas de sujetos; un total de 13 parejas han sido investigadas hasta la fecha. Además, se han realizado estudios en cuatro tríos de sujetos.

La actividad electroencefalográfica de cada hemisferio de cada sujeto era digitalizada con un muestreo de un dato cada cuatro ms. Cada 64 datos (256 ms) se realizaba un análisis de correlación utilizando el algoritmo Producto-Momento de Pearson. Aproximadamente 320 correlaciones eran analizadas cada 82 segundos de actividad electroencefalográfica. Estas correlaciones fueron graficadas de tal forma que se pudieran obtener patrones de correlación interhemisférica de cada uno de los sujetos, durante cada una y todas las sesiones, que en promedio duraban aproximadamente 15 minutos. Los sujetos eran interrogados para conocer las experiencias subjetivas que habían tenido durante la sesión de comunicación. Se tomaron 10 muestras para cada condición experimental.

Se utilizó un esquema A-B-A' para realizar algunos de los experimentos. En el periodo A era registrada la actividad de cada uno de los sujetos en forma independiente. Las gráficas de correlación interhemisférica así obtenidas se denominaron gráficas correspondientes a una situación de control inicial. Después de este periodo A de control inicial, los sujetos eran instruidos para comunicarse dentro de la cámara de Faraday y durante 15 minutos, en las condiciones antes relatadas, se realizaban las grabaciones de la actividad electroencefalográfica. A este periodo se le denominó periodo B, o periodo experimental de comunicación en parejas. Este periodo de 15 minutos era seguido inmediatamente después por un periodo A' de control final, en el que se volvía a registrar la actividad electroencefalográfica, pero con los sujetos aislados y sin comunicación. La instrucción durante el periodo B de comunicación fue verbal y consistió en solicitarles a los sujetos que sintieran su presencia mutua mientras permanecían en silencio y dejando fluir sus pensamientos. Se aseguraba que los sujetos entendieran las instrucciones anteriores, a través de un interrogatorio anterior y posterior a la sesión. El interrogatorio posterior, además, permitía conocer el grado de éxito obtenido durante la comunicación directa.

En algunos experimentos se instruyó a los sujetos para presionar un interruptor cada vez que lograban sentir la presencia de su compañero. Los interruptores estaban conectados con un generador de pulsos cuadrados, los cuales eran grabados en cintas magnéticas simultáneamente con los registros de la actividad EEG. El registro de los pulsos se utilizó para realizar comparaciones con la actividad EEG y como medida objetiva de la comunicación.

En ocasiones se realizaron registros en más de dos sujetos, estos registros se denominaron registros de comunicación en grupo. Además de los estudios de comunicación interhemisférica individuales, se realizaron estudios que denominamos de concordancia electroencefalográfica intersujetos. En estos estudios, lo que se hacía era: utilizando la misma metodología A-B-A' que en los estudios de correlación interhemisférica, la actividad del hemisferio derecho de un sujeto era correlacionada con la actividad del hemisferio derecho de otro sujeto, de la misma forma la actividad del hemisferio izquierdo de un sujeto era correlacionada con la actividad del hemisferio izquierdo de otro sujeto. De esta forma se obtuvieron correlaciones entre la actividad electroencefalográfica de pares de sujetos. Estas correlaciones tenían una densidad similar a las correlaciones interhemisféricas individuales, esto es aproximadamente 320 correlaciones cada 82 segundos.

Resultados

En la figura 3.1 se observan dos patrones de correlación interhemisférica de dos sujetos en una sesión, durante la cual esta comunicación se calificó como intensa y profundamente empática. En la figura se observa además de los patrones de coherencia interhemisférica individuales, la señalización que cada uno de los sujetos hacía, utilizando un interruptor, de los periodos en que se sentía en comunicación directa con su compañero. Se observó que durante los 82 segundos que están registrados en la figura existe una gran cantidad de señales enviadas por los sujetos. Esto indica que la comunicación era directa y al mismo tiempo se observa una gran similitud en la morfología de los patrones individuales de la correlación interhemisférica. Lo anterior muestra que durante la comunicación directa, los patrones de correlación interhemisférica de cada sujeto se parecen entre sí. En la parte inferior de la figura se observan, mediante barras, los valores de las medias y las desviaciones estándar de las correlaciones al inicio (muestra 1) a la mitad (muestra 2) y al final de la sesión.

Con el objeto de analizar la dinámica y la evolución de esta similitud, realizamos el siguiente experimento, que está ilustrado en la figura 3.2. Aquí dos sujetos, que nunca antes habían estado en comunicación, son invitados a penetrar en la cámara de Faraday y se inicia el registro de la actividad electroencefalográfica, mientras permanecen con los ojos cerrados, en silencio, sin tocarse y sin verbalizar. La sesión de registro se dividió en seis periodos de análisis que están mostrados en la figura, desde el periodo uno hasta el seis. En el periodo uno se inicia la sesión. Uno de los sujetos la inicia con un nivel de correlación interhemisférica muy alto, mientras que el otro muestra un patrón de correlación oscilante alrededor del valor cero. A medida que continúa la sesión los dos patrones se vuelven cada vez más similares entre sí, hasta que al final, en el periodo seis, los patrones son prácticamente indistinguibles.

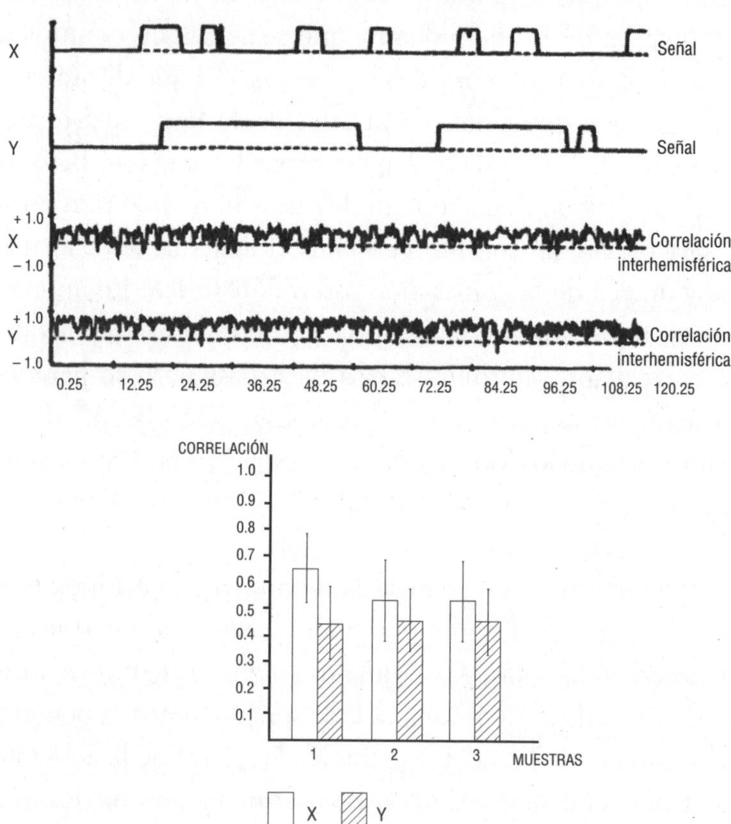

Figura 3.1.

Patrones de correlación interhemisférica

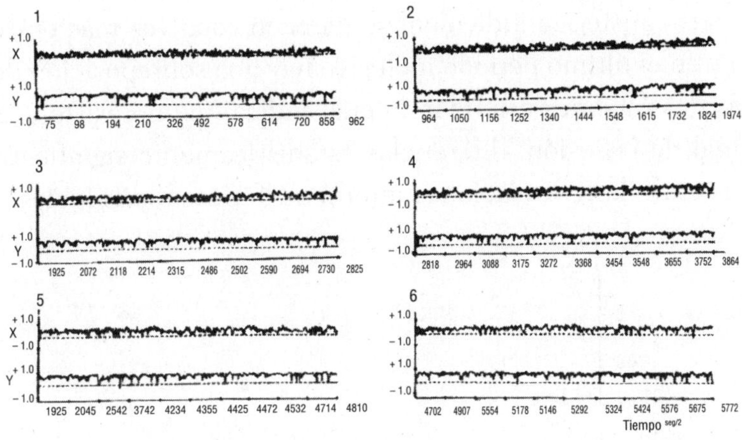

Figura 3.2. Una sesión de comunicación entre dos sujetos fue dividida en seis sesiones para fines de comparación. Se muestran los patrones de correlación interhemisférica de dos sujetos durante los seis periodos. Los sujetos no habían tenido sesión alguna de comunicación antes del periodo uno. En este se observa una gran diferencia en los patrones de correlación conforme la sesión avanza hasta que, a su término, los dos patrones son prácticamente indistinguibles entre sí.

El resultado anterior indica que a medida que dos sujetos están en comunicación directa, sus patrones de correlaciones interhemisféricas individuales sufren una modificación que los hace volverse parecidos entre sí.

El análisis estadístico de los promedios de correlación de los sujetos está mostrado en la figura 3.3. Aquí se observan mediante barras los promedios de correlación durante los seis periodos de análisis de la sesión y sus respectivas desviaciones estándar. Se observa con claridad que a medida que trascurre la sesión, los promedios de correlación interhemisférica individual se parecen cada vez más entre sí y en el último periodo inclusive hay una sobreposición de las desviaciones estándar, lo cual indica que no existen, al final de la sesión, diferencias estadísticamente significativas entre las correlaciones interhemisféricas individuales.

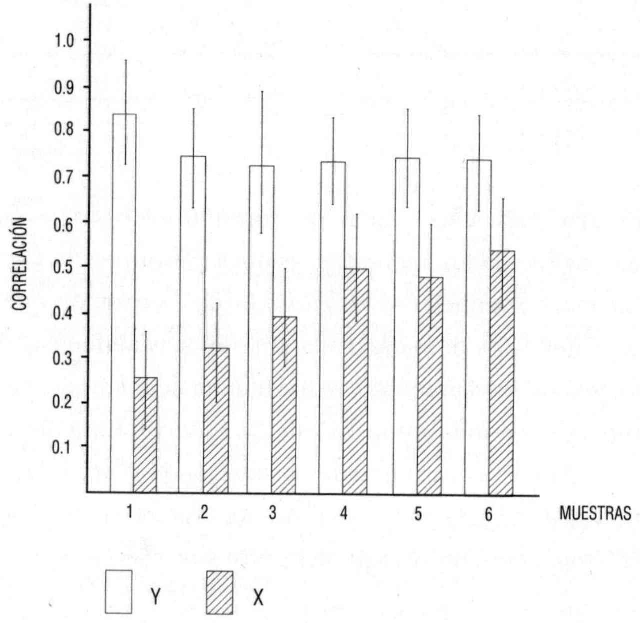

Figura 3.3. Muestra mediante barras los promedios de correlaciones interhemisféricas y sus correspondientes desviaciones estándar durante los seis periodos de comunicación. Se observa que, a medida que transcurre la sesión, aumenta la similitud en los promedios de correlación hasta que en la sesión seis existe inclusive una superposición de desviaciones estándar.

Con el objeto de analizar si la similitud entre los patrones de correlación interhemisférica, que se observan durante las sesiones de comunicación directa, son específicos o se deben a variables inespecíficas, tales como la habituación, el estereotipo o la fatiga, se realizó el siguiente experimento.

En la figura 3.4 se muestra el patrón de correlación interhemisférica individual de un sujeto aislado. Este patrón se comparó con patrones obtenidos del mismo sujeto, cuando este establecía una comunicación directa con otros tres sujetos. En la figura se observa que la morfología del patrón individual, mostrado en la primera línea, cambia cuando el sujeto registrado se coloca en comunicación directa con otro sujeto. Esto se muestra en las siguientes dos líneas de la figura. A su vez, los patrones de otra pareja de sujetos en la que está incluido el mismo sujeto vuelven a cambiar y a hacerse similares entre sí. Estos resultados indican que la similitud de los patrones de correlación interhemisférica individuales son específicos para cada par de sujetos y no se deben a variables inespecíficas, tales como fatiga, cansancio o habituación.

Con el objeto de hacer una comparación visual entre estos patrones de correlación de dos sujetos que participaron en cada experimento, se realizó una prueba de jueces. Diez personas que no tenían ninguna relación con los sujetos hicieron una comparación entre dos pares de patrones de correlación a la vez. Tres pares correspondieron con los pares de sujetos registrados simultáneamente en el mismo experimento (los pares mostrados en la figura 3.4, y los 12 pares restantes) se formaron combinando al azar los tres pares originales de patrones. Se presentaron todas las combinaciones posibles de pares de patrones. Los jueces fueron instruidos para indicar cuál de los dos pares, presentados simultáneamente, mostró mayor similitud. En 70% de los casos, los jueces consideraron que los pares de patrones registrados simultáneamente en el mismo experimento eran más similares entre sí que el resto de los pares.

Con el objeto de explorar si la modificación de los patrones de correlación, durante la comunicación directa, tiene un sentido de incremento en la correlación individual o de decremento durante el proceso, se realizó el siguiente experimento: se obtuvieron los patrones de correlación individual de sujetos, durante una situación de control inicial y después estos sujetos se colocaron en la situación de comunicación directa y se volvieron a registrar sus patrones. Se escogieron parejas de sujetos que difirieron notablemente en los valores de correlación promedio, obtenidos en la situación de control inicial y uno de estos casos se observa en la figura 3.5. En esta figura se observan cuatro patrones de correlación interhemisférica individual en dos sujetos, el sujeto X y el sujeto Y. En la situación control, que es la primera y tercera líneas, se observa que el patrón del sujeto Y era relativamente bajo oscilando alrededor de cero. Cuando los dos sujetos se colocaron en la situación de comunicación directa, lo que se muestra en la segunda y cuarta líneas de la figura, se observa que el patrón de Y, que en el control inicial oscilaba alrededor del cero, ahora está relativamente elevado, como si la elevada correlación inicial del sujeto X hubiera atraído hacia sí la correlación del sujeto Y. En la parte inferior de la figura se muestran, mediante barras, estos resultados.

Patrones de correlación interhemisférica

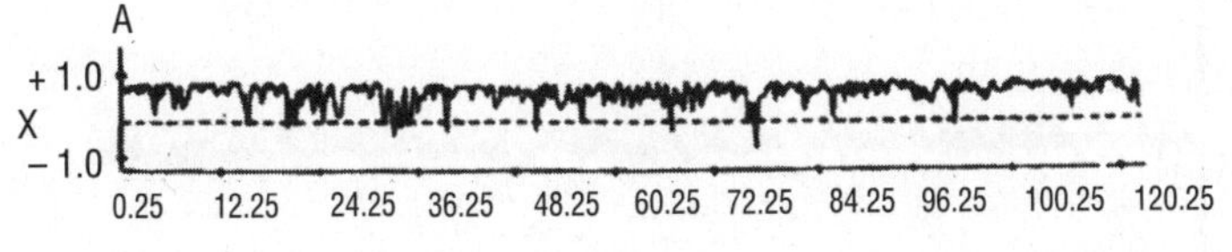

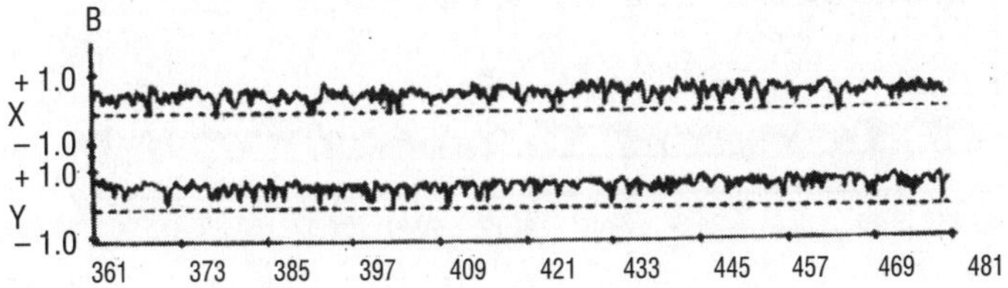

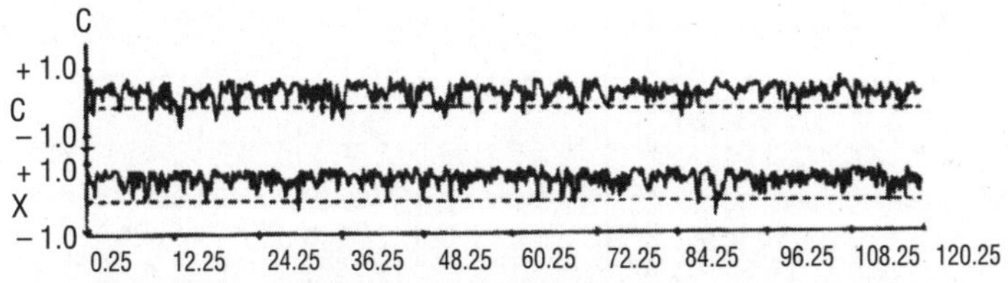

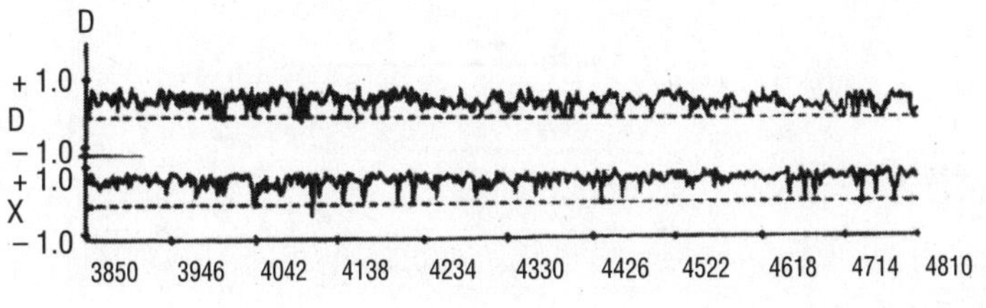

Tiempo: Seg/2

Figura 3.5.

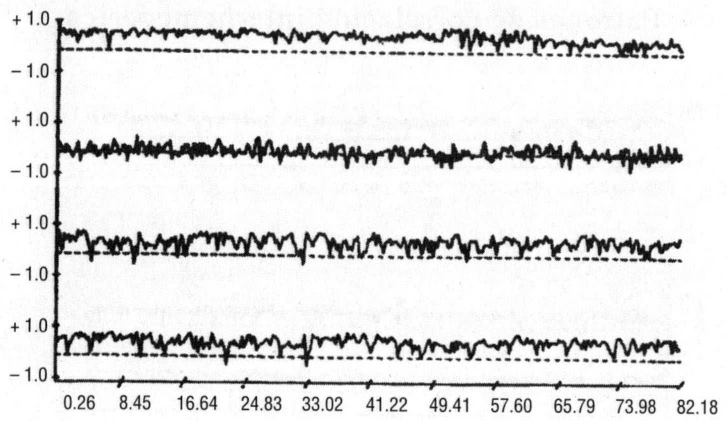

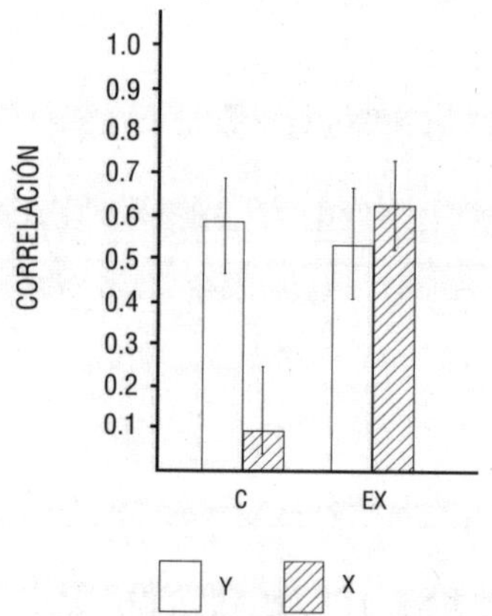

Figura 3.5.

Cuando los niveles de correlación iniciales de dos sujetos son muy similares, el efecto de la comunicación no altera a ambos patrones. Esto se observa con claridad en la figura 3.6, en la que están registrados los patrones de correlación interhemisférica individual del sujeto X y del sujeto Y, durante controles iniciales y durante la comunicación directa. En la parte inferior de la figura se muestran, mediante barras, estos resultados.

En un estudio previo realizado hace algunos años (Grinberg-Zylberbaum, 1982) y presentado en el capítulo anterior, encontramos que además de una similitud en los patrones de correlación interhemisférica individual de sujetos durante la comunicación, se observó una tendencia a que la actividad electroencefalográfica individual también se hiciera similar en la misma condición. Estos resultados se replicaron en los siguientes estudios, en los cuales, como se mencionó en la sección de método, se realizaron análisis de correlación de la actividad electroencefalográfica entre sujetos, obteniendo lo que denominamos patrones de concordancia intersujetos.

Patrones de correlación interhemisférica

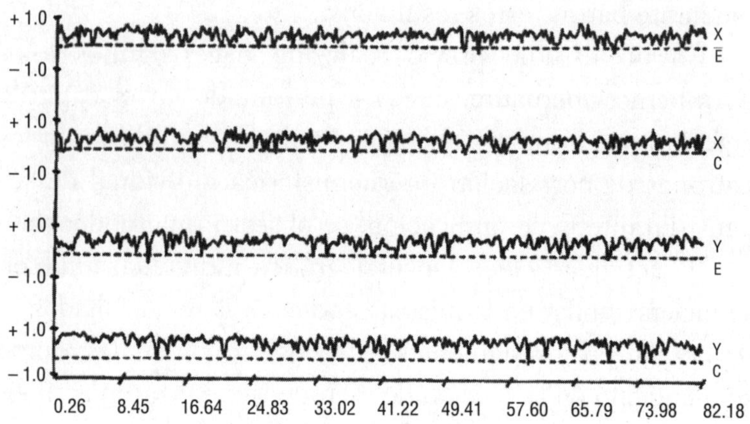

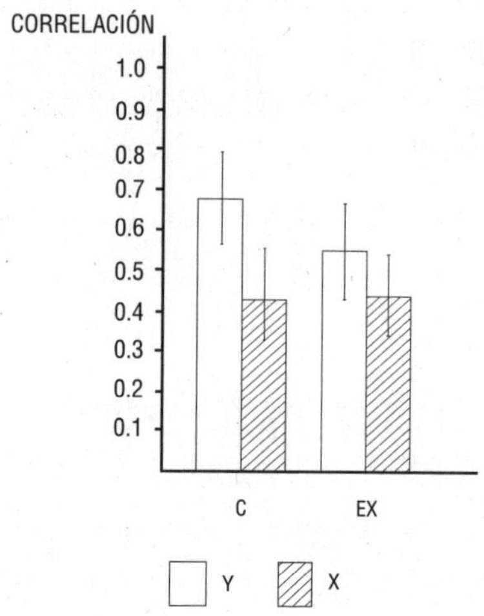

Figura 3.6.

Un ejemplo de un estudio de concordancia se muestra en la figura 3.7. En ella se muestran los patrones de concordancia obtenidos de dos sujetos durante una situación de comunicación en pareja, durante una situación de control inicial, durante una situación de comunicación en grupo y durante la situación de control final sin comunicación. Aquí, durante el control inicial, los valores de concordancia giran alrededor de cero y aumentan extraordinariamente durante la comunicación en pareja, alcanzando un nivel promedio alrededor de 0.80. Durante la comunicación en grupo, disminuye la concordancia, manteniéndose arriba de un valor de 0.40 y por último, en el control final, vuelve a oscilar alrededor de cero.

Estos resultados sugieren que durante la comunicación directa, la actividad electroencefalográfica de estos cerebros humanos se vuelve muy similar entre sí. En la parte derecha de la figura se muestran, mediante barras, los resultados del análisis anterior.

Finalmente, en la siguiente figura 3.8 se presentan muestras obtenidas al azar de la actividad electroencefalográfica de dos sujetos, durante una situación inicial de falta de comunicación, durante la comunicación en pareja y durante un control final sin comunicación. Es notable el gran parecido de la actividad electroencefalográfica directa durante el periodo de comunicación en pareja y aún durante el periodo de comunicación en grupo, comparado con las situaciones de control inicial o de control final.

Patrones de correlación intersujeto

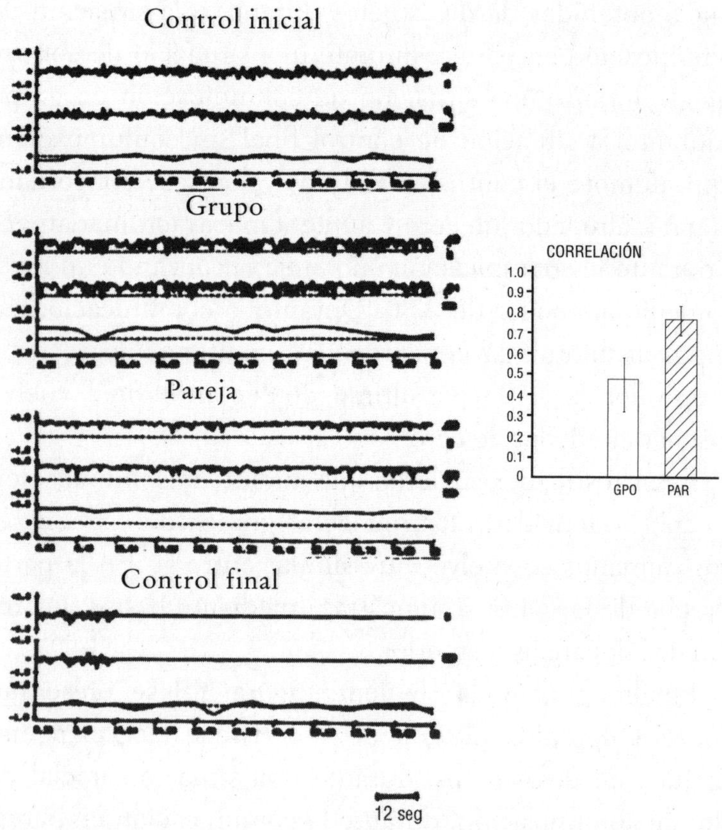

Figura 3.7.

E E G
Control
Inicial
Comunicación
en grupo
Comunicación
en pareja
Control
final
50 mseg

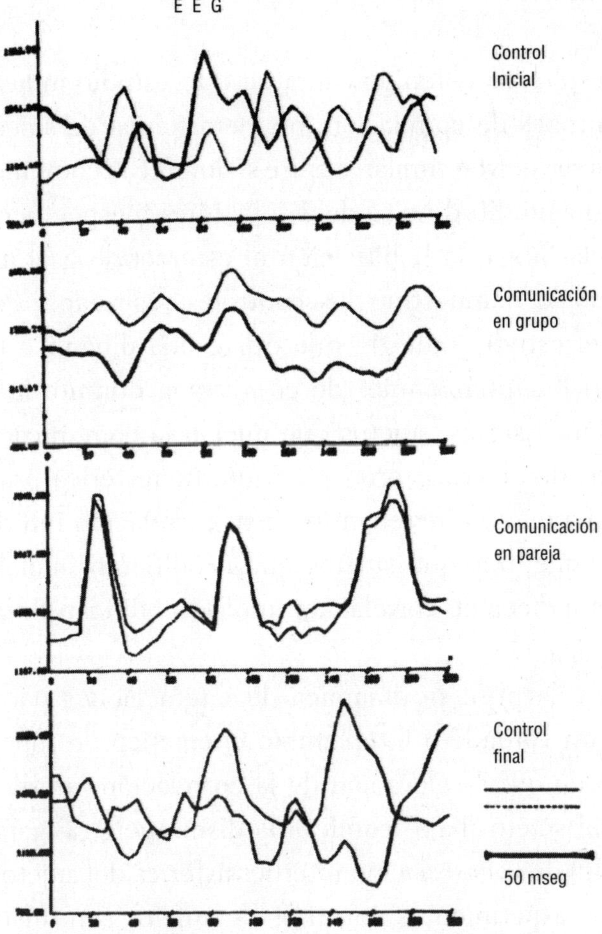

Figura 3.8.

Conclusiones

Los resultados obtenidos durante este estudio indican que los patrones de correlación interhemisférica de sujetos humanos se vuelven similares entre sí durante la comunicación.

Esta similitud no se debe a factores inespecíficos tales como la fatiga, la habituación al estereotipo o el azar, tal y como lo demuestran los controles realizados. Por otro lado, el estudio muestra que existe una dinámica específica en los intercambios de correlación durante la comunicación. Esto es, sujetos que inician la comunicación en estados de elevada correlación interhemisférica provocan, en su pareja, un incremento en su correlación interhemisférica, mientras que sujetos que no difieren inicialmente en sus índices de correlación, no los modifican durante la comunicación.

Que la primera dinámica de interacciones parece reflejar un verdadero intercambio energético, lo muestra el hecho de que la elevación de la correlación interhemisférica del sujeto "bajo" conlleva la disminución (ligera, pero notable) de la correlación interhemisférica del sujeto "alto".

Los experimentos con tríos de sujetos son ilustrativos de intercambios aún más sofisticados, y permiten asegurar que los efectos observados no son resultados del ruido inespecífico del sistema.

En estos estudios se observó que la introducción de un sujeto "distractor" hace disminuir la similitud electrofisiológica de la pareja en comunicación.

Además, estos experimentos muestran que no solo los patrones de correlación interhemisférica son los que se asocian con la comunicación, sino también lo hace la actividad electroencefalográfica.

Es importante hacer notar que los controles iniciales y finales de los experimentos indican que cuando se compara una muestra de la actividad EEG de un sujeto, obtenida en tiempos diferentes a la del otro sujeto, no se obtiene valor de correlación confiable, significativa y constante, indicando que los resultados obtenidos durante la comunicación no pueden ser adjudicados al ruido del sistema o al azar.

El que, durante la comunicación directa, los valores altos de correlación reflejen variables de interacción reales, lo demuestra el hecho, antes discutido, de que durante la comunicación grupal (con un sujeto distractor) estos valores disminuyen.

Durante la comunicación grupal, un tercer sujeto actúa como un estímulo distractor para los otros dos, de manera que el haber obtenido una disminución considerable (de 0.80 a 0.49) en los valores de concordancia intersujeto, apoya la relación existente entre patrones electrofisiológicos y variables complejas.

El registro de patrones de correlación interhemisférica es una novedosa herramienta de estudio de las funciones cerebrales superiores y promete ser una llave de abundantes descubrimientos para el futuro.

Por otro lado, los resultados obtenidos apoyan de nuevo la tesis principal de este libro en el sentido de que la complejidad de una función se incrementa en relación con el número de elementos neuronales y las interacciones que le dan origen.

IV

CORRELATIVOS PSICOFISIOLÓGICOS DE LA GRAVITACIÓN[1]

He querido incluir un estudio acerca de las relaciones entre la actividad cerebral y la gravitación, porque muchos de nuestros chamanes manifiestan la capacidad de afectar fuerzas físicas utilizando procedimientos psíquicos. En este estudio se demuestra que los cambios de coherencia interhemisféricos afectan variables físicas externas al mismo cerebro, sustentando experimentalmente las observaciones chamánicas.

Método

Durante este experimento, todas las sesiones fueron realizadas en una cámara silente resguardada de ondas electromagnéticas y especialmente construida para filtrar y disipar vibraciones mecánicas. Esta cámara está localizada en el tercer piso de un edificio muy estable en los laboratorios de

[1] Publicado en Grinberg-Zylberbaum, J., "Psychophysiological Correlates of Communication, Gravitation and Unity", *Psychoenergetics*, 4: 227-256, 1982.

psicofisiología de la Universidad Anáhuac. El terreno de la universidad está localizado en la cumbre de una montaña que se encuentra aproximadamente 10 kilómetros fuera de la Ciudad de México.

El experimento fue realizado durante las tardes y primeras horas de la noche, con el objeto de evitar ruido, vibraciones mecánicas y otras interferencias. En el interior del cuarto, un transductor Grass que se encontraba adherido a una barra de metal que descansaba sobre arena se localizaba dentro de una jaula cuyas paredes eran de madera. La caja de madera se localizaba dentro de una jaula de Faraday y esta dentro de un recipiente metálico (figura 4.1). El recipiente metálico se encontraba descansando a su vez sobre hule espuma. La caja de madera estaba suspendida dentro de la caja de Faraday y la caja metálica sin haber ningún contacto físico con la pared de esas dos.

Nueve sujetos diferentes, de edades comprendidas entre 20 a 32 años (seis mujeres y tres hombres), se sentaban en una silla a 100 cm de distancia de la caja metálica, dentro de la cámara silente. La salida del transductor era registrada por un polígrafo Grass localizado en otro cuarto. Electrodos bipolares Grass fueron utilizados para registrar la actividad EGG frontal de los sujetos en ambos hemisferios. La actividad EGG también era registrada por el polígrafo Grass. Una señal sonora era retroalimentada al sujeto cada vez que el transductor cambiaba su actividad. Un pequeño objeto metálico que pesaba más o menos 0.1 gramos estaba suspendido del transductor, de manera que los cambios en el transductor mostraban cambios en su peso. Se tuvo mucho cuidado en enviar una señal de retroalimentación solo cuando había un alto grado de seguridad de que los cambios en el transductor no eran causados por vibraciones mecánicas del edificio (tales como gente caminando o cerrando puertas en el mismo piso). Varios periodos controles fueron registrados, en los cuales no había sujetos dentro de la cámara silente, con el objeto de darnos cuenta de los cambios normales en la actividad del transductor y para establecer la línea base de la actividad del mismo.

Un total de 28 sesiones fueron realizadas en los nueve sujetos, en un periodo de varios meses. Al final de cada sesión los registros eran analizados. Cada sesión analizada estaba dividida en dos periodos: control y experimental. El periodo control era cuando no se detectaban cambios en la salida del transductor mientras que el periodo experimental era tomado en cuenta cuando un cambio perceptible en el transductor era registrado.

En cada sesión, de cuatro a siete puntos fueron analizados en ambos periodos, control y experimental. Estos puntos fueron escogidos al "azar" de entre todos los registros del experimento. En cada uno de estos puntos de análisis se hicieron cinco mecidas:

FT = Frecuencia de la señal del transductor.

MT = Voltaje de la señal del transductor.

FD = Frecuencia de los registros EEG frontal derecho.

FI = Frecuencia de los registros EEG frontal izquierdo.

C = Coherencia entre los registros EEG frontales derecho e izquierdo.

La coherencia era considerada como: 1.0 cuando la morfología, la frecuencia y el voltaje de los patrones EEG registrados en ambas derivaciones frontales eran idénticos y 0.0 cuando eran diferentes. Una escala de 0.0 a 1.0 fue así construida.

CÁMARA SILENTE
1
2
3
4
5
6
7
11
8
9
10
12
1. Caja de metal
2. Jaula de Faraday
3. Caja de madera
4. Transductor
5. Pesa
6. Arena
7. Hule espuma
8. Pared externa
9. Pared interna
10. Cámara de aire
11. Jaula de Faraday
12. Columna de hule

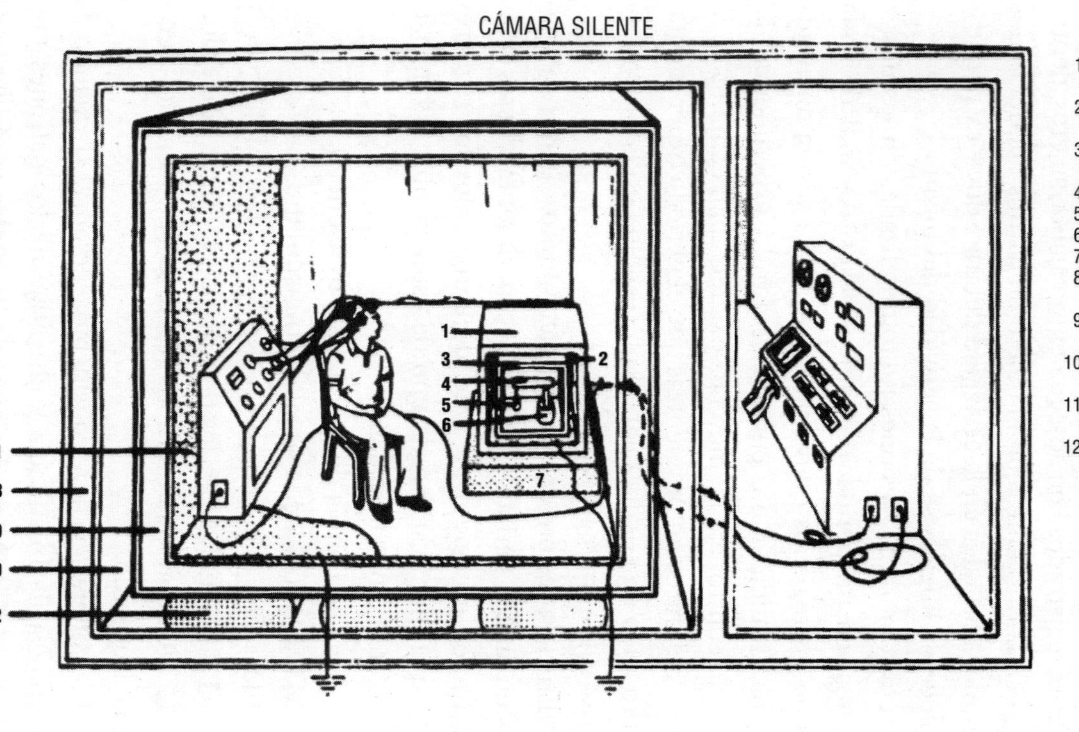

Figura 4.1.

Siempre que un cambio significativo en la salida del transductor era registrado, una señal de sonido era dada al sujeto. El sujeto era instruido para usar cualquiera de los medios que pudiera encontrar (exceptuando vocalizaciones, movimientos o vibraciones mecánicas) con el objeto de mantener el sonido. En la sección de resultados, algunas de las técnicas que tuvieron éxito reportadas por los sujetos serán presentadas junto con las medidas de la actividad EEG y del transductor.

Cada sujeto era sometido a una serie de sesiones con el objeto de dominar la técnica, pero ninguno de ellos fue capaz (al final de la serie) de controlar voluntariamente el peso del objeto metálico.

Al final de cada sesión, los sujetos escribían sus experiencias y trataron de abstraer de ellas cuáles se correlacionaban con la aparición del sonido retroalimentado. Algunas de las conclusiones generales, en relación con estas experiencias, serán presentadas.

Resultados

En general, los sujetos reportaron una gran dificultad en mantener el sonido y aun en correlacionar sus experiencias con la aparición del mismo. Todos acordaron que aquello que ocurría en términos de experiencia consciente era muy difícil de conocer. Esto es admirable porque al menos dos de los sujetos eran meditadores y uno de ellos tenía al menos tres años de práctica de yoga y meditación. Así pues, el primer resultado fue que sea lo que fuere que causaba un cambio de peso, era (en términos de experiencia consciente) muy difícil de asir o determinar. Al menos la mitad de los sujetos reportaron que sintieron algo, pero que era imposible de verbalizar. El carácter inefable de la experiencia se ejemplifica en el siguiente reporte de uno de los sujetos:

> Sentí una sensación de transparencia y de paz, y el sonido apareció cuando trataba de hacer algo que me es imposible decir qué era.

O este otro:

> Tuve muchas imágenes, y de repente encontré un punto común para ellas, con más precisión, lo que estaba detrás de ellas en términos de explicaciones, el sonido apareció en ese momento.

Este último reporte es extremadamente importante porque establece que el cambio actual en el peso estaba relacionado con la extracción de una abstracción, o al menos la cognición de una conceptualización. Con frecuencia, los sujetos decían que el sonido se presentaba cuando sentían un orden y una paz internos, o cuando sentían que eran capaces de trascender la situación experimental y el sentimiento de estar dentro de una cámara silente.

Es imposible explicar la falta de control voluntaria de tal experiencia, debido al número limitado de sesiones realizadas hasta ahora. No obstante, hubo un aumento claro en el número de sonidos, que al menos uno de los sujetos fue capaz de activar a medida que era expuesto a la técnica. Esto puede verse en la figura 4.2.

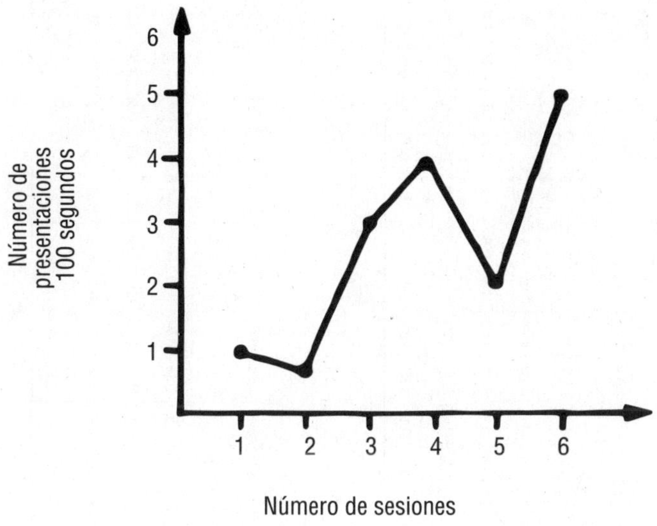

Figura 4.2. Número de sesiones.

Así, existe una indicación de qué cambios gravitacionales pueden incrementarse por medio del aprendizaje de esta técnica, aun cuando los sujetos no sean capaces de verbalizar el programa actual que utilizaron.

En la tabla 4.1 se muestra la media de todas las medidas de las 29 sesiones. Puede verse que el resultado más sobresaliente del experimento es aquel relacionado con un aumento en la coherencia, cada vez que se detectaba un cambio en el peso. De hecho, de 28 sesiones, 24 muestran un aumento en la coherencia cerebral. En la figura 4.3 algunos ejemplos de registros en los que aparece este aumento son mostrados.

Otro resultado interesante es que la frecuencia del transductor era más similar a la frecuencia de la actividad EEG del lóbulo frontal derecho.

Tabla 4.1.

CONTROLES

																												PROMEDIO GL
$FT\bar{X}$=	0	0		5.00	17.50	4.66	6.50	?	0	0	0		10.50	11.50	?	14.00	5.75	?	8.60	11.00	14.00	1.60	0	0					5.821
$MT\bar{X}$=	0	0		0.125	0.100	0.125	0.120	?	0	0.075	0.125		0.233	0.175	0.200	0.200	0.100	0.200	0.260	0.160	0.140	0.040	0.025	0					0.114
$FD\bar{X}$=	14.83	22.30	13.66	16.16	16.00	18.00	16.16	12.60	14.40	15.80	18.66	12.60	18.10	21.40	16.60	15.00	22.40	16.66	19.66	18.16	17.16	13.80	18.20	15.60	16.25	14.50	13.00	13.40	16.468
$FI\bar{X}$=	18.00	20.30	16.66	15.66	15.83	16.50	14.50	15.20	14.00	14.00	16.83	13.40	18.16	17.80	17.33	25.80	20.40	14.66	15.33	16.00	14.50	12.00	15.60	13.60	17.00	12.50	14.00	13.20	16.170
$C\bar{X}$=	0.316	0.150	0.150	0.250	0.266	0.200	0.283	0.220	0.260	0.400	0.183	0.160	0.333	0.200	0.233	0.180	0.160	0.200	0.383	0.616	0.350	0.340	0.280	0.280	0.250	0.200	0.260	0.240	0.262

EXPERIMENTALES

$FT\bar{X}$=	?	?		13.66	15.66	15.20	12.40	17.00	?	16.40	16.80		8.40	11.50	17.75	17.00	14.50	16.33	16.20	15.40	15.16	11.40	11.80	14.00					14.556
$MT\bar{X}$=	0.125	0.100		0.516	0.416	0.540	0.500	0.733	0.120	0.520	0.360		0.620	0.600	0.400	0.900	0.550	0.500	0.860	0.540	0.500	0.320	0.400	0.330					0.470
$FD\bar{X}$=	15.00	16.16	10.83	15.83	17.16	18.66	15.00	13.20	15.00	15.00	19.00	12.20	19.50	20.40	16.00	15.40	20.40	16.00	20.33	17.16	17.83	11.60	18.20	15.20	17.75	14.50	15.00	15.20	16.204
$FI\bar{X}$=	16.16	19.16	14.50	14.50	15.00	15.16	13.16	15.40	15.00	14.80	16.50	13.20	16.60	18.40	15.83	14.80	20.00	15.66	16.50	15.16	15.00	12.40	16.60	13.20	17.50	16.50	13.60	14.60	15.531
$C\bar{X}$=	0.500	0.283	0.266	0.316	0.283	0.233	0.266	0.300	0.300	0.360	0.366	0.260	0.316	0.260	0.283	0.340	0.220	0.333	0.366	0.766	0.483	0.400	0.460	0.300	0.300	0.250	0.400	0.300	0.335
	1	2	3	4	5	6	7	8	9	10	11	12	13	14	15	16	17	18	19	20	21	22	23	24	25	26	27	28	

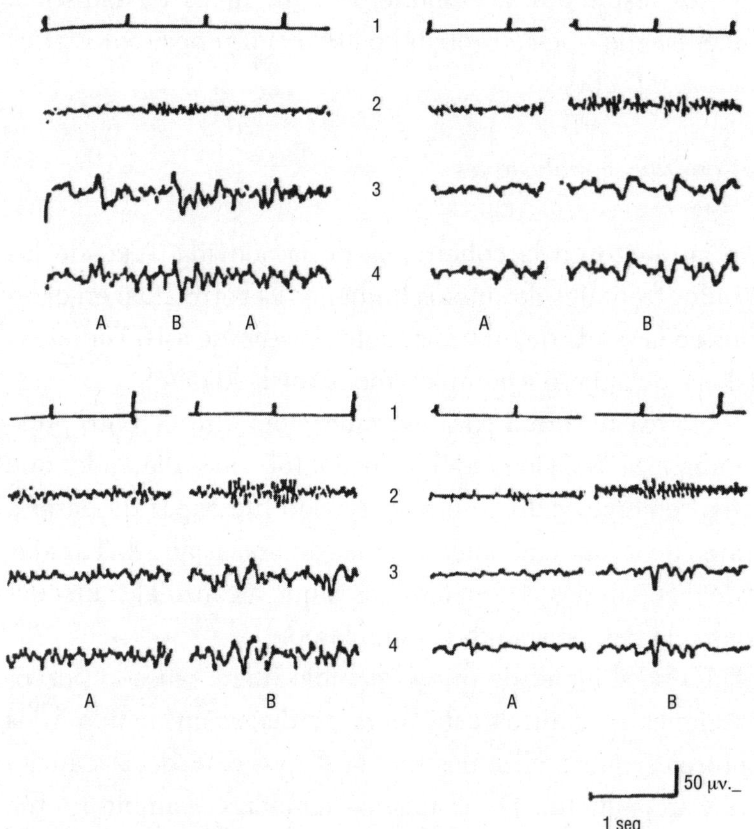

Figura 4.3. En los periodos B se nota un incremento tanto de la coherencia cerebral como de la actividad del transductor comparados con los periodos A.

Los resultados se sometieron a un análisis estadístico, encontrando que su probabilidad de ocurrencia por azar es menor al 0.0001.

Discusión y conclusiones

Un aumento en la coherencia de la actividad EEG de los lóbulos frontales de sujetos humanos es correlativo en cambios en la salida de un transductor localizado a 100 cm de la cabeza del sujeto y completamente aislado de él.

No existe forma para entender cómo un cerebro pudo cambiar la actividad del transductor sino diciendo que "algo" emergió del cerebro. Este algo fue capaz de pasar a través de la jaula metálica de una cámara aislada de Faraday y de dos paredes de madera hasta que alcanzó al transductor y a la pesa suspendida del mismo.

La posibilidad de que el cambio fuera causado por vibraciones mecánicas está fuera de discusión debido a los controles que realizamos y a la disposición de la cámara y del transductor. De la misma manera, el cambio no fue causado por calor, movimiento del aire o cualquier otro medio físico. Las únicas dos posibilidades que explican los resultados obtenidos son: un aumento en la coherencia del cerebro es capaz de crear un campo energético de tan alto poder y frecuencia, que es capaz de transectar los obstáculos entre los sujetos y el transductor. La otra posibilidad es que el aumento en la coherencia causa un cambio en la estructura del espacio, creando ondas gravitacionales. Estas ondas gravitacionales son un cambio en el contenido informacional del campo sintérgico, causado por sus interacciones con el campo neuronal. Un aumento en la coherencia es, en cierto sentido, un aumento en la redundancia dentro del cerebro. La descripción de un sujeto diciendo que lo que causó el sonido fue encontrar el significado común detrás de diferentes imágenes está en acuerdo con la postulación de la teoría sintérgica que dice que un cerebro de alta neurosintergia es capaz de aproximarse a una sensación de unificación.

No podemos precisar si los cambios en la coherencia están correlacionados con un aumento o disminución del peso. Nuestro método no nos permitió analizar esto. Ahora estamos comenzando un nuevo experimento utilizando tecnología láser que nos permitirá responder preguntas, tales como si el cambio fue causado por un campo electromagnético o por un campo más directamente relacionado con gravitación y en qué dirección fue este cambio. Mientras tanto, los resultados hasta ahora obtenidos indican que el cerebro es capaz de alterar la estructura energética del continuo espacio-materia, en la forma predicha por la teoría sintérgica (véase capítulo v), y que esta capacidad puede someterse a procedimientos de aprendizaje, utilizando las técnicas de retroalimentación. Nuestros resultados apuntan hacia la conclusión de que el campo unificado está más relacionado con el Ser y con las funciones y nivel de conciencia que con un campo físico frío e inanimado.

V

LA TEORÍA SINTÉRGICA

Un cuerpo conceptual acorde con todos los datos experimentales descritos en capítulos anteriores y congruente con las observaciones obtenidas en el estudio de los chamanes de México es la teoría sintérgica. Esta se presenta en este capítulo como un intento de ofrecer una integración teórica.

La experiencia

El campo cuántico o lattice del espacio-tiempo

En el fundamento y raíz de lo que denominamos espacio, se encuentra una red energética infinitamente compleja, totalmente llena y ordenada, a la que la física contemporánea adjudica funciones primordiales y denomina campo cuántico o *lattice* del espacio-tiempo. Una distorsión en alguna porción de esta red constituye el origen de la creación de una partícula elemental. Un electrón no es otra cosa más que una singularidad específica de una distorsión del campo cuántico. Una molécula de cualquier sustancia es también una particular conformación de la red en alguna de sus porciones. Dos o más modificaciones de la red interactúan y dan lugar a distorsiones sinergistas que "curvan" el espacio en una configuración morfológica única y característica.

No existen distorsiones idénticas o perfectamente duplicadas en la red. Cada partícula elemental y por multiplicación, cada objeto, es una particular configuración del campo. El instrumento que tiene la mayor capacidad para lograr configuraciones morfológicas de la red del espacio es el cerebro. Cada una de las neuronas del cerebro es una particular distorsión de la red. Cada cambio energético en una dendrita provoca un arreglo específico en la configuración del campo cuántico. La comunicación energética entre neuronas y las interacciones que se producen en las redes neuronales son capaces de efectuar alteraciones en la morfología del campo cuántico, en un número prácticamente infinito de posibilidades y formas.

El cerebro humano

Dotado de 12 mil millones de neuronas y de un número prácticamente infinito de posibilidades de interacción entre ellas, el cerebro humano afecta la red del espacio con un repertorio de posibilidades que sobrepasa el de cualquier otro cuerpo conocido en el Universo.

La realidad es el resultado de la acción del cerebro en el campo cuántico. Lo que denominamos objetos visibles es precisamente el producto del conjunto de distorsiones sobre la red, que las configuraciones energéticas del cerebro provocan en el campo cuántico.

Existe una única "sopa energética" de la que formamos parte junto con todos los seres y objetos del Universo. Somos un solo Ser en múltiples manifestaciones y participamos de un mismo proceso de creación de realidades. Nuestra experiencia es el producto de nuestra interacción alterando en forma específica el campo cuántico a través de la activación de todos nuestros elementos energéticos. Esta última activación se denomina "campo neuronal".

De acuerdo con la teoría sintérgica, la experiencia aparece como resultado de la interacción entre el campo neuronal y el campo cuántico. Al crear la experiencia, imponemos sobre la red del espacio-tiempo nuestra estructura cerebral y su actividad dinámica y unificadora; el campo neuronal. Por tanto, lo que llamamos "realidad" es la proyección de nuestra propia naturaleza. En otros términos, el mundo visual que parece rodearnos no es externo a nosotros sino parte nuestra. En este sentido, todos vivimos inmersos dentro de una sola mente y un solo Ser. De la misma manera, lo que percibimos visualmente está localizado al final de un largo proceso que, como veremos más adelante, dura por lo menos 50 ms en ser completado (Grinberg-Zylberbaum, 1979). Nosotros no percibimos los objetos tal y como son en sí mismos, sino más bien nuestra reacción retardada ante ellos.

La interacción entre el campo neuronal y el campo cuántico no es un fenómeno pasivo. El campo neuronal es capaz de ejercer una influencia transformadora sobre el campo del espacio-tiempo. Esta influencia se manifiesta en varios procesos como la comunicación humana, la gravitación, la visión extraocular, la materialización y dematериalización de objetos, la influencia de una mente sobre otros y los llamados fenómenos de curación psíquica.

La realidad, incluyendo a la materia, es más una creación que una reproducción. No somos espejos isomórficos que reflejan una realidad externa y fija; por medio de la activación de nuestros campos neuronales, creamos la experiencia.

Algoritmos neuronales

Dos, entre otros, han sido los procesos sobresalientes que han evolucionado. Uno de ellos es la unificación progresiva de complejos sistemas informacionales en algoritmos. El otro es la creación de campos energéticos. En el primer caso, la naturaleza ha procedido creando estructuras; unificadas con un aumento en el número de elementos, como es el caso del átomo, creado a partir de partículas elementales, de moléculas a partir de átomos, de proteínas por moléculas complejas, de tejidos por proteínas, de órganos a partir de tejidos y del cuerpo unificado por un sistema de órganos. Cada nivel de organización de esta cadena unifica elementos dispersos en conjuntos algorítmicos de mayor constancia, coherencia y fuerza. Un algoritmo puede definirse como una estructura, modelo o fórmula matemática que incorpora grandes cantidades de información en un conjunto unificado. Es posible decodificar de un algoritmo la información original de la cual fue derivado, pero el algoritmo en sí mismo está más allá de estas unidades de información en el mismo sentido que un observador neutral está más allá del contenido de sus observaciones.

Cuando el cerebro apareció en la naturaleza durante la evolución, la progresión algorítmica fue amplificada y acelerada. Ya no era necesario esperar a que apareciera una nueva forma de materia o cuerpo organizado para que la nueva información pudiera ser integrada. Esto fue hecho por la activación de circuitos neuronales capaces de incorporar información en nuevos códigos y patrones neuronales. Un algoritmo neuronal puede ser definido como un patrón de actividad neuronal en donde converge información dispersa que es incorporada en su estructura lógica y energética. Los algoritmos neuronales están apoyados por circuitos de convergencia (Grinberg-Zylberbaum, 1976). Un buen ejemplo de estos algoritmos neuronales son los patrones en el nervio óptico humano. Cada fibra en el nervio óptico incorpora (como un algoritmo neuronal) información convergente, procedente de los receptores retinianos. Otros ejemplos serían la unificación de la información en las células complejas e hipercomplejas de la corteza visual.

En cada nivel de unificación neuronal se algoritmiza más y más información. El resultado de tal unificación es la activación de modos abstractos de respuestas y experiencias.

En el segundo caso, a medida que aparecieron cerebros más complejos, los campos energéticos (neuronales) activados por ellos, adquirieron características de mayor densidad informacional, logrando modificar las características del campo neuronal en forma más sofisticada. Ya veremos más adelante cómo esto dio lugar a nuevas cualidades de la experiencia.

La duración del presente

Se requieren entre 50 y 60 milisegundos de actividad cerebral para crear el percepto visual. En este intervalo, se activan la retina, los nervios ópticos, el tálamo y la corteza, dando lugar a un campo neuronal de la adecuada complejidad como para, al interactuar con el campo cuántico, crear un patrón de interferencia con los suficientes detalles y con la necesaria densidad informacional, para constituirse en nuestro mundo visual. De esta manera, el mundo que percibimos es en realidad nuestro campo neuronal en interacción con el campo cuántico. Por ello, vivimos dentro de nuestro propio cerebro y la imagen visual que percibimos es la "pared interna" de nuestro propio "cuerpo energético". Sin embargo, este mundo visual no es la totalidad de la realidad sino más bien su inicio. Puesto que somos capaces de contemplar conceptualmente nuestras imágenes y percatarnos de su existencia, existe un nivel de la experiencia supraperceptual que incluye dentro de sí lo visual sin ser afectado por sus cambios y modificaciones. En otras palabras, el nivel que incluye lo perceptual, lo trasciende y algoritmiza.

La duración necesaria para crear una imagen visual es la duración de la presente visual. El nivel conceptual que incluye y algoritmiza el percepto aparece posteriormente, por lo que su duración es mayor. Esta duración del presente conceptual es de alrededor de 165 ms (Grinberg-Zylberbaum y John, 1981) y es el tiempo necesario para que el sistema cerebral "decante" un patrón algorítmico, desde el cual se puede observar todo el proceso previo. Esta operación de algoritmización se vuelve a repetir con el procesamiento conceptual, dando lugar a un nivel de la experiencia, desde la cual es posible contemplar la mente racional sin ser influido por ella independientemente de sus modificaciones. Este nivel suprarracional incluye todos los niveles previos a su aparición y los "percibe" desde su algoritmo.

La duración del presente suprarracional es mayor que la duración del presente supraperceptual, de la misma forma que este es mayor que el perceptual. Este incremento en la duración del presente permite que el sujeto de la experiencia, localizado en el nivel suprarracional, viva en una atemporalidad de su presente, lo que el sujeto de la experiencia identificado con el nivel perceptual o con el racional vive como futuro.

La capacidad predictiva basada en la intuición se explica como dependiente de la localización del sujeto en niveles cada vez de mayor expansión en la duración del presente. Junto con esta expansión, acontece una unificación de la experiencia. La experiencia del sujeto localizado en el nivel suprarracional es más unificada que la del sujeto identificado con sus perceptos.

La unificación mimetiza los efectos observados durante los cambios dimensionales. Así, para un ser bidimensional, una mano que se apoya en su plano vivencial es percibida como cinco círculos independientes, mientras que los mismos círculos son unificados en una mano para un ser tridimensional.[1]

De la misma forma, un incremento en la duración del presente permite que el mismo Observador observe un cuerpo humano unificado, que para una duración del presente insignificante aparecería como un conjunto desconectado de movimientos moleculares atómicos.

Un mosquito con una duración del presente mínima percibe el mundo como una serie de eventos desconectados entre sí, mientras que un hipotético ser galáctico con

---

[1] Les debemos este ejemplo a Hinton y Ouspensky.

una duración del presente astronómica viviría el pasado, presente y futuro de una civilización humana como un cuadro perceptual atemporal.

La existencia del Observador capaz de contemplar la experiencia no se puede explicar racionalmente. Cualquier nivel de experiencia puede ser atestiguado si se posee el entrenamiento adecuado. La identificación con el Observador produce un incremento ilimitado en la capacidad de unificación, puesto que cada nuevo nivel de inclusión y algoritmización al que se llega, puede ser observado. De hecho, la conducta profética de nuestros chamanes podría ser explicada como una localización, por parte de ellos, en niveles de alta expansión de la duración del presente y elevada unificación. Este tema será tratado con mayor amplitud más adelante.

Un modelo muy claro e interesante de las operaciones algorítmicas de inclusión se puede observar en la disposición anatómica de los círculos cerebrales de convergencia. En ellos, patrones neuronales que se transmiten en poblaciones axónicas son reducidos a algoritmos, a través de una disposición anatómica de convergencia en la cual un elemento neuronal recibe información de muchos. Ya mencioné que estos circuitos se observan en la retina y en la corteza cerebral. Las operaciones lingüísticas y la emergencia de la verbalización conceptual derivan de la puesta en marcha de procesos neuronales de inclusión, en los cuales, circuitos cerebrales de convergencia concentran en un patrón neuroalgorítmico información que, previamente a esta inclusión, permanecía desligada entre sí.

Puesto que el Observador es el unificador de la experiencia, podríamos explicar su aparición como resultado de la activación de los más altos niveles cerebrales de convergencia. Sin embargo, la posibilidad de acceso del Observador a cualquier nivel del procesamiento demuestra que ni emerge ni depende de la activación de circuitos cerebrales. Parecería que no existe dinámica energética capaz de explicar ni la aparición ni la localización del Observador, ya que este trasciende cualquier elemento del proceso y a este en su totalidad por su capacidad de autoalusión (véase más adelante).

La organización del espacio

La mejor prueba de que el espacio está "repleto" de información y de que no existe espacio vacío es nuestra capacidad de ver. Lo que vemos no es un estímulo venido de fuera y que reflejamos pasivamente. Vemos nuestra respuesta ante algo que es incognocible. Solamente somos capaces de percibir nuestras respuestas. Sin embargo, a partir de nuestra percepción es posible abstraer ciertas características de la organización de la información en el espacio.

Cada punto del espacio contiene cantidades colosales de información. La información converge en cada punto del espacio y nuestra retina decodifica esa información dando lugar a imágenes. Por lo tanto, la primera característica de la organización de la información del espacio es la convergencia.

La segunda característica es la coherencia. Supongamos un objeto "material" muy complejo, como una roca o un acantilado; supongamos varios sujetos colocados a diferentes distancias (cada vez más alejados) del objeto. Cada sujeto podrá ver todo el objeto desde la zona del espacio con la cual interactúa. Esto indica que en todas estas zonas, la información ha convergido. Los ángulos de convergencia disminuyen en relación directa con la distancia, tal y como se puede apreciar en la siguiente figura:

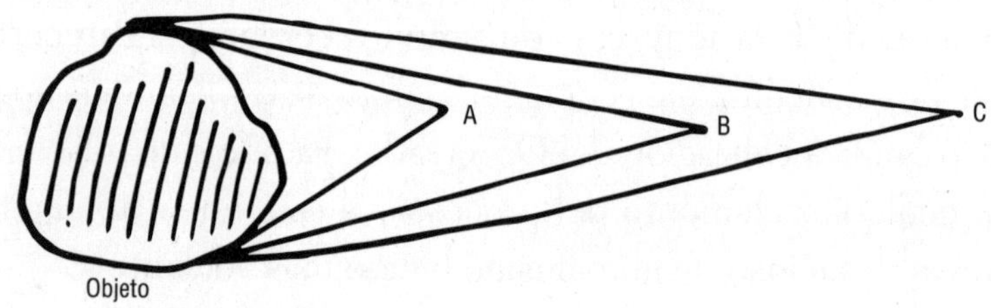

A una distancia infinita del sujeto con respecto al objeto, el ángulo distendido deberá ser nulo. Si imaginamos en cada posición del sujeto una esfera de cristal de paredes reflejantes, la esfera más cercana (A) necesitará mayor información que la esfera B, C y D, las que necesitarán cada vez menor superficie para reflejar (léase contener) la misma cantidad de información. Si suponemos una esfera colocada en el infinito o en el centro del Universo alejada de cualquier objeto, esta esfera contendrá en una mínima dimensión de su superficie la misma cantidad de información proveniente de todo su alrededor. En esta esfera, la información estará distribuida con un máximo de coherencia mientras que en la esfera A cercana a un objeto, la coherencia será mínima. De lo anterior podemos trazar un eje de coherencia que iría de un extremo de mínima coherencia cerca de la materia, a un polo de máxima coherencia en zonas del espacio, alejadas de cualquier objeto.

Ahora bien, lo que denominamos objetos, son en realidad zonas del espacio de mínima coherencia, mientras lo que llamamos espacio transparente lo constituyen zonas de máxima coherencia.

Complejidad algorítmica y coherencia

Un algoritmo es una fórmula capaz de reconstruir información. Mientras mayor cantidad de datos se puedan decodificar de un algoritmo, más complejo es este.

Las zonas de mayor coherencia son las zonas de mayor complejidad algorítmica, de tal forma que entre estas y la coherencia existe una relación directa. La prueba de esto está en nuestra incapacidad para percibir espacios de alta complejidad y coherencia. A estos espacios los vemos como invisibles separaciones entre objetos. Nuestro cerebro es incapaz de algoritmizar espacios de alta coherencia. En cambio, logramos percibir objetos porque su organización es más simple que la del espacio invisible y que el cerebro. Tanto la invisibilidad como la visibilidad dependen de la relación de complejidad espacial y capacidad algorítmica cerebral. Cuando esta última sobrepasa la complejidad inherente de alguna porción del campo cuántico, esta aparece como objeto "material". Cuando, en cambio, la complejidad del espacio sobrepasa la capacidad algorítmica solo vemos espacio vacío.[2]

---

[2] Por otro lado, lo que denominamos fuerza gravitacional guarda una relación inversa con la coherencia, porque en espacios de alta coherencia no existe gravitación. Por ello y por lo anterior, la fuerza gravitacional disminuye a medida que se incrementa la complejidad algorítmica de un espacio. Estas relaciones podrían servir de base para la construcción de un motor gravitacional. Puesto que el cerebro humano es capaz de afectar la coherencia del espacio aumentándola o disminuyéndola, el mejor motor gravitacional está contenido en el cerebro. De hecho, ya existen evidencias experimentales acerca de relaciones entre actividad cerebral y gravitación (Grinberg-Zylberbaum, 1981a), como vimos en el capítulo v.

El campo neuronal y sus interacciones

Ya he mencionado que parte de la organización cerebral es convergente y que funciona en diferentes niveles de coherencia, entendiéndose por ella la menor o mayor similitud en la actividad cerebral registrada en diferentes zonas de la masa encefálica.

Puesto que existen evidencias de que el cerebro es capaz de irradiar un campo neuronal en el espacio y de afectar su organización (Grinberg-Zylberbaum, 1981a), no es descabellado pensar que la interacción entre la organización energética-informacional del espacio y del cerebro forman un colosalmente complejo patrón de interferencia cuya geometría son las imágenes visuales que percibimos.

De la misma forma, el campo neuronal al afectar la organización del espacio altera la experiencia de otros seres, porque la experiencia resulta de la interacción de un campo neuronal con la estructura organizacional del espacio. De hecho, el patrón de interferencia resultante de la interacción del campo neuronal y el cuántico incluye, dentro de sí, la morfología de todas las interacciones entre todos los campos neuronales, dando lugar a un hipercampo de una complejidad colosal.

Dentro de este hipercampo existen zonas de mayor coherencia y zonas de menor coherencia, de mayor complejidad y de menor complejidad. En algunas zonas de interacción, los patrones son más ordenados y congruentes y en otras más desorganizados y caóticos. Las zonas de mayor coherencia y complejidad las denomino zonas o niveles de mayor sintergia, mientras que las de menor complejidad forman parte de los niveles de sintergia disminuida.

Solamente se puede activar un patrón de interferencia congruente cuando coincide la sintergia del campo neuronal con la del campo del espacio. Estas zonas de congruencia las denomino "orbitales de conciencia", tomando el término "orbital" del príncipe Luis de Broglie (Beiser, 1968), quien confrontó, en física, el problema de la existencia de orbitales discretos en el átomo. Su solución fue extraordinariamente elegante. Él estableció que cada electrón tenía una longitud de onda asociada y que solo cuando el perímetro de un orbital es un múltiplo exacto de su longitud de onda, el electrón no desaparece del orbital. A estos orbitales se los denomina orbitales permitidos. También existen los orbitales prohibidos, que son los lugares donde el perímetro del orbital no es múltiplo exacto de la longitud de onda del electrón. En estos lugares el electrón sufre un proceso de autointerferencia de onda y por ello es incapaz de existir ahí.

En la esfera de la conciencia, también hay procesos de autointerferencia. Estrictamente hablando, solo hay un campo energético, y así, la conciencia de Unidad debería ser la más natural, si no es que el único nivel de conciencia. En este nivel, la dicotomía entre la idea de la existencia de un universo físico versus no físico se diluye en la percepción de una conciencia global, abarcadora de todo, en la cual todo está incluido. En otras palabras, el ser humano "iluminado" viviendo en conciencia de Unidad ve todo, como diferentes niveles de la misma conciencia. El resto de nosotros no vivimos en conciencia de Unidad debido a que no somos suficientemente puros y nuestros campos neuronales son de pobre coherencia. Recuerdos, represiones y miedos, como componentes energéticos, contaminan las interacciones de los campos neuronal y cuántico. Nosotros somos quienes dividimos la conciencia única en compartimientos y secciones.

Los procesos de autointerferencia aparecen en la esfera de la conciencia cuando las divisiones que nosotros imponemos en el mundo son incapaces de ser unificadas por nosotros mismos en niveles nuevos. Es como si experiencias dispersas, cada una con su propia vida, se volvieran antagonistas entre sí y así su unificación, en patrones altamente sintérgicos y algoritmos, se vuelve imposible.

Los orbitales de conciencia contienen información específica y determinan (cuando el Observador se enfoca en ellos) una particular forma de realidad y un nivel de conciencia determinada. El Observador no cambia al localizarse en distintos orbitales, puesto que su mismidad yoica transciende cualquier contenido de la experiencia. Lo que se altera al cambiarse la localización del Observador es la realidad y sus contenidos.

De acuerdo con la teoría sintérgica, el patrón de interferencia resultante de la interacción entre el campo neuronal y el campo cuántico es omniabarcante, por lo que el Observador puede localizarse en cualquiera de los orbitales permitidos o puede abrir su rango y experimentar varios orbitales simultáneamente.

Veremos más adelante que en el chamanismo mexicano se le da una importancia fundamental al origen de la percepción y se utilizan técnicas para acrecentar la conciencia de Ser dentro y a través del continuo perceptual.

El factor de direccionalidad

De acuerdo con la teoría sintérgica, poseemos un mecanismo que permite enfocar al Observador en diferentes orbitales permitidos. Este mecanismo se denomina "factor de direccionalidad" y está comandado por el Observador en su condición de Yo puro.

Los cambios de focalización del Observador los comanda el intento, siendo este un proceso de poder que acopla el nivel sintérgico del patrón de interferencia con el estado de coherencia del cerebro del sujeto. Este proceso generalmente posee un funcionamiento automático, ya que los orbitales permitidos y su particular organización energética dependen de las leyes asociadas con el campo cuántico en sí mismo. En otras palabras, existe un continuo sintérgico dentro del campo cuántico. Este continuo va desde un polo de mínima coherencia, al que percibimos como material, y un polo de máxima coherencia al que referimos como espacio puro. Puesto que el campo neuronal también manifiesta un continuo sintérgico similar, en las zonas en las cuales coincide la sintergia de ambos campos se crean patrones de interferencia congruentes; los "orbitales de conciencia permitidos". La congruencia del patrón de interferencia depende de la similitud de sintergias de los campos y no del intento del Observador.

Lo que depende del intento es la particular localización del Observador en uno o varios orbitales permitidos. Tanto el intento como el Observador no son mecanismos reducibles a patrones energéticos, sino procesos que no pertenecen al universo físico. El factor de direccionalidad es el puente de unión entre el universo de la energía y la realidad transcendente del Observador.

El patrón de interferencia que da lugar a la estructura energética de la experiencia no tiene ninguna cualidad en sí mismo. De la misma forma, los grados de coherencia, complejidad, sintergia e irradiación en el espacio del campo neuronal, no tienen ninguna cualidad en sí mismos. Sin embargo, la cualidad de cualquier percepto (táctil, auditivo, visual, etcétera) depende del nivel sintérgico, coherencia, frecuencia, irradiación en el espacio y aun la localización de los campos en interacción. Por lo tanto, un nuevo factor debe intervenir en orden de activar las experiencias cualitativas. Se ha postulado (Grinberg-Zylberbaum, 1981a, 1983b) que la estructura energética de la experiencia se convierte en una experiencia consciente cuando un hipotético "procesador central" interactúa con los patrones de interferencia. El procesador central u Observador es el Ser o el Yo puro, y su naturaleza debe ser neutral con respecto a la materia y a la mente, y por lo tanto, indescriptible en términos físicos. La existencia del Ser no pertenece al universo físico y siendo neutral con respecto a la mente, su naturaleza no cambia con alteraciones en las experiencias sensoriales.

Cuando el procesador central interactúa con el patrón de interferencia, una experiencia sensorial específica con una cualidad propia aparece en la conciencia.

VI

VISIÓN EXTRAOCULAR[1]

Puesto que varios chamanes mexicanos son capaces de percibir visualmente utilizando medios extraoculares, he querido finalizar la sección experimental con un estudio acerca de la visión extraocular en niños.

Sujetos

Se estudiaron 19 sujetos; 11 niñas y ocho niños de edades comprendidas entre los cinco y 13 años.

Todos los niños, sin excepción, gozaban de condiciones óptimas de salud durante el estudio y manifestaron estar deseosos de participar en el mismo. Ninguno de ellos tenía antecedentes de visión extraocular ni entrenamiento alguno en este tipo de fenómenos. Los niños pertenecían a seis escuelas diferentes y en todas ellas eran considerados muy inquietos y especialmente renuentes para aceptar normas rígidas de disciplina y conducta. Por lo demás, fueron cata-

[1] Publicado en Grinberg-Zylberbaum, J., *La luz angelmática*, Edamex, México, 1983.

logados como altamente inteligentes y despiertos. Aunque las condiciones familiares variaron de niño a niño, no se observaron diferencias notables que pudieron ser explicadas por este factor, a excepción de una notable destreza inicial en cinco niñas y dos niños cuyas familias podrían ser catalogadas como muy motivantes y con una situación de estabilidad óptima.

Entrenamiento

Previamente a la iniciación de los experimentos de detección de visión extraocular, todos los niños recibieron un entrenamiento que duró entre una y tres sesiones, mismo que se repetía en todas las sesiones de pruebas posteriores a las iniciales. De esta manera, cada niño fue sensibilizado antes de y durante todo el transcurso del experimento, hasta que adquirió una destreza suficientemente automatizada para ya no necesitar entrenamiento adicional.

Las características del entrenamiento se explican a continuación con la secuencia en la cual ocurrió:

1. Con el niño cómodamente sentado y con la espalda recta, se efectuaban tres ejercicios respiratorios que consistían en:

a) expulsión forzada de aire a través de las fosas nasales durante 60 segundos con los ojos cerrados, seguida de una concentración de la atención en el entrecejo, durante 20 segundos.

b) respiración alternada a través de ambos orificios nasales durante 60 segundos con los ojos cerrados, seguida de concentración de la atención en el entrecejo, durante 20 segundos.

c) inhalación y exhalación forzada de aire en forma rítmica y sostenida hasta el límite de cada niño, seguida de la siguiente meditación.

2. Manteniendo la misma postura, el niño recibía las siguientes instrucciones: "Con los ojos cerrados, concéntrate en el entrecejo y deja fluir tus pensamientos sin obstruirlos o controlarlos. Una vez que logres lo anterior, concéntrate en ti mismo y pregúntate ¿quién soy yo?, sintiéndote a ti mismo. Mantén tu concentración en ti mismo por el tiempo que sea posible".

La verbalización de las instrucciones anteriores se adecuaba al nivel de entendimiento de cada niño.

El tiempo total de cada meditación variaba de niño a niño con un mínimo de cinco a seis minutos y un máximo de 10 a 13 minutos aproximadamente.

3. Una vez logrado el punto anterior, el entrenador se sentaba frente al niño y entrelazaba sus manos con las del infante, visualizando una línea de luz que surgía de las palmas de las manos del niño y terminaba en el cerebro del mismo. La visualización se continuaba hasta poder mantener la imagen de la línea de luz brillante, blanca y sin interrupciones.

4. En ocasiones, se colocó la punta de un cristal de cuarzo sostenido por el entrenador en contacto con el entrecejo del niño o en proximidad al mismo. Se descubrió "casualmente" que este procedimiento mejoraba el entrenamiento y aceleraba el proceso extraocular.

5. Una vez logrado lo anterior se iniciaba la fase de detección extraocular. Para ello, el niño era vendado de los ojos, utilizando una venda especial totalmente opaca y pegada a los párpados, de tal forma que resultaba totalmente imposible la visión retiniana.

6. Se ofrecía al niño material visual consistente en fotografías de alta calidad en colores brillantes y con contenidos diversos. El entrenador colocaba una o ambas manos del niño sobre la fotografía, haciendo contacto dérmico con la superficie de la misma.

Se le pedía al niño que siguiera su intuición tanto en lo que se refiere a la exploración dérmica de la fotografía, como a la exploración del contenido mental estimulado por ella. El niño era solicitado para hacer una descripción detallada de todas sus experiencias. Cuando así lo solicitaba, se le ofrecía retroalimentación verbal acerca de los detalles de la fotografía y acerca de los puntos de correspondencia entre su descripción de la figura y el contenido de la misma. Utilizando expresiones naturales y espontáneas de asombro y gusto, el entrenador reforzaba las correspondencias adecuadas y corregía las inadecuadas.

7. El proceso de retroalimentación se continuaba hasta que el niño mostraba signos de fatiga o desinterés. En estos últimos casos, el entrenamiento se descontinuaba para ser proseguido en otra ocasión. Se estimulaba al niño para utilizar todo tipo de movimientos con las manos, explorando, de esta manera, diferentes posibilidades.

8. Cuando el niño era capaz de describir sin errores las figuras contenidas en las fotografías, se le pedía que apartara las manos de la superficie de las mismas y que intentara visualizar su contenido sin contacto dérmico. Más adelante, se instruía al niño a realizar movimientos de barrido en el espacio entre su cuerpo y las fotografías, utilizando contracciones rápidas de los dedos de sus manos. Este procedimiento acentuaba los detalles y mejoraba la focalización,

además de la distancia límite en la que el niño todavía podía distinguir formas sutiles, tales como letras impresas.

9. Por último, el niño era motivado para dejar de utilizar sus manos por completo y en cambio "ver" directamente los contenidos sin ayuda de movimiento.

Materiales utilizados

Se utilizó una gran cantidad de materiales visuales. La siguiente es una lista de algunos de ellos:

1. Fotografías a colores de paisajes.
2. Fotografías a colores de verduras, frutas y utensilios caseros.
3. Libros convencionales con contenidos lingüísticos (letras, palabras, frases, etcétera).
4. Otros niños.
5. Objetos medio-ambientales.
6. Programas de televisión en pantallas de TV.
7. A los niños se les pedía caminar por la escuela (jardín, aulas, etcétera) describiendo lo que veían.

Controles

Por supuesto que un fenómeno tan novedoso y extraño como la visión extraocular requiere (para poder ser aceptado como demostrado) controles estrictos acerca de sus características y, aunque no pretendo haber agotado todas las posibilidades de estudio del fenómeno, sí puedo afirmar que no tengo duda alguna acerca de la existencia del mismo. Bastará mencionar aquí algunos de los controles realizados para estimular a otros investigadores para que se interesen en este fenómeno y realicen estudios por su propia cuenta.

1. La venda utilizada era constantemente examinada, con objeto de detectar cualquier posibilidad de ruptura accidental imperceptible que permitiera algún grado (por mínimo que fuera) de visión retiniana. Nunca se localizó falla alguna en la venda.

2. El material ofrecido al niño era continuamente cambiado, de tal forma que ningún niño podía predecir el material que se le ofrecía.

3. Puesto que una de las posibles explicaciones del fenómeno es la de que el entrenador trasmitiera los contenidos utilizando movimientos, sonidos o cualquier otro medio consciente o inconsciente, se puso especial cuidado para intercalar contenidos gráficos que el entrenador no conocía ni veía durante la presentación.

De la misma manera, se les pedía a otros niños actuar como entrenadores variando el contenido de los materiales utilizados. En ningún caso se pudo demostrar que el entrenador mandara mensajes sutiles y puesto que, en los casos de desconocimiento del material, esto último resultaba imposible, se puede descartar el factor de transmisión como explicación del fenómeno.

4. Cuando el entrenamiento llegaba a la fase de visión directa sin el uso de las manos, los niños eran introducidos a un sótano totalmente oscuro y en él se les pedía describir objetos. Ninguno de los cuatro testigos utilizados en este control pudo percibir algún objeto, en cambio, dos de los niños entrenados parecían ver los objetos sin dificultad alguna. Este control cuestiona la posibilidad de que el medio

energético decodificado por los niños sea de naturaleza fotónica, por lo menos en los umbrales de visión retiniana.

5. El control anterior plantea la cuestión de la sensibilidad extraocular comparada con la retiniana. Aunque no se realizaron mediciones estrictas de umbrales, se realizó una prueba de distancia de capacidad de lectura que resultó enriquecedora. Uno de los niños fue instruido para leer material impreso de diferentes dimensiones y a diferentes distancias. Con letras de 1 mm de tamaño, el niño empezó a mostrar dificultades de decodificación extraocular aproximadamente a los 70 cm de distancia sin el uso de barridos manuales. En este límite, se le sugirió utilizar el barrido y al hacerlo, el niño pudo leer sin dificultad el material y aún incrementar otros 30 cm la separación de su cuerpo con respecto a lo impreso. El mismo niño, el entrenador y otros tres niños mostraron dificultad de lectura retiniana a la misma distancia y con el mismo tamaño de letras que las utilizadas en la visión extraocular. Esto muestra que los umbrales entre ambos tipos de visión son similares en lo que se refiere a tamaño y distancia de los elementos decodificables.

6. Se utilizó un espejo convencional para estudiar la posibilidad de visión extraocular de objetos reflejados. Se colocó material impreso de un ángulo de 45 grados con respecto al espejo y se le pidió al niño describir el espejo; el niño no solamente describió el material impreso, sino también otros objetos que el espejo reflejaba y que habían pasado inadvertidos para el investigador. El control fue concluyente y descarta la posibilidad de que sea un campo térmico o calorífico el decodificado en la visión extraocular.

7. Se utilizó un vidrio de 5 mm de espesor que se colocó entre el material gráfico y el niño. En todos los casos, la

visión extraocular ocurrió sin dificultades en esta condición control.

8. En cambio, cuando el material se cubría con una hoja blanca de papel o se obstruía con una placa de madera, los niños reportaban la hoja o la madera y no el material que estos ocultaban.

9. En una ocasión se le pidió a un niño realizar movimientos manuales de barrido sobre un material gráfico. Entre las manos y el cuerpo el niño se colocó una placa de madera de tal forma que las manos no fueron obstruidas por ella pero el cuerpo sí lo fue. El niño fue incapaz de percibir extraocularmente el material gráfico, pero describió perfectamente la placa de madera. Este control demuestra que no son receptores localizados en las manos los mediadores del fenómeno extraocular, en cambio indican que el resto del cuerpo es necesario.

10. Siguiendo la lógica del control anterior, se decidió explorar zonas corporales mediadoras de la visión extraocular. En cinco de los niños, se colocó una pantalla opaca por debajo de sus barbillas durante el ejercicio de la visión extraocular. En cuatro casos la imagen desapareció. En el caso restante el niño siguió reportando correctamente la fotografía que se le mostraba, pero matizada por el color de la pantalla obstructora que en este caso era roja.

11. Intentando aún una mayor exactitud en la localización de la zona corporal mediadora de la visión extraocular, se utilizó el siguiente procedimiento con uno de los niños más avanzados: el cuerpo del niño se colocó detrás de una placa metálica. La cabeza del niño fue perfectamente vendada dejando al descubierto su frente, barbilla, nariz y pómulos. Las manos y los brazos del niño fueron

obstruidos por la placa metálica. En esta condición, el niño describió sin dificultad el material presentado. En seguida, se cubrió totalmente la frente del niño y se le volvió a presentar el material no notándose alteración alguna. Ningún cambio apreciable fue notado al cubrir los pómulos y la nariz del niño. Sin embargo, al cubrir la boca se notó una franca disminución en la destreza de la detección. El niño comenzó a manifestar dificultades y presentar errores. Cuando la barbilla fue cubierta, el niño dejó completamente de percibir.

Sin embargo, el caso no es típico ni generalizado. En el mismo niño o en otros, la zona crítica variaba con el tiempo, de tal forma que no es posible definir con exactitud la existencia de una zona corporal indispensable y específica para mediar la visión extraocular. Un ejemplo ilustrativo de lo anterior fue una niña de seis años.

Esta niña, extraordinariamente despierta y activa, aprendió a ver extraocularmente en la segunda sesión de entrenamiento y pronto demostró poseer una facilidad especial para desenvolverse en esta actividad.

Se realizaron las siguientes pruebas en ella:

A. Se presentaron materiales gráficos, colocándolos en la espalda de la niña. No solamente logró identificar el material, sino que incluso pudo leer palabras y frases impresas.

B. Utilizando un par de anteojos submarinos ("goggles") rellenos de algodón, de tal forma que le impidiera totalmente la visión ocular, la niña fue invitada a caminar libremente en un parque de la Ciudad de México describiendo todo lo que lograba "ver". Al principio con cautela, pero pronto totalmente desinhibida, la niña recorrió el parque describiendo los árboles, las bancas, otros niños, perros, vendedores ambulantes y el resto del estereotipo, sin dificultad. Lo más asombroso de la experiencia fue no solamente la exactitud y facilidad de la descripción, sino que esta reflejaba una percepción omnidireccional. En otras palabras, la niña describía tanto lo que se encontraba adelante, como lo que se hallaba detrás de ella.

C. Tanto ella como su hermano aprendieron a percibir los órganos en el interior del cuerpo humano. El entrenamiento fue enteramente similar al descrito, con la excepción de que el enfoque de la atención se localizaba no en la superficie, sino en las profundidades del cuerpo. Ambos niños lograron describir las características específicas y el estado de alteración pulmonar en un caso de enfisema pulmonar. Otros tres niños lograron describir la localización exacta y las dimensiones de fracturas óseas, debidas a accidentes de varios años de antigüedad. Las descripciones de las cicatrices en los huesos coincidieron con las ofrecidas por los accidentados.

D. Dos niños se ofrecieron para intentar aliviar el dolor y disminuir la infección ótica de dos adultos. Los niños fueron entrenados a ver el interior del cuerpo y a localizar alteraciones en el mismo. Ambos acertaron al reconocer el oído izquierdo como infectado en los dos adultos. Mencionaron percibir una coloración extraña en ese oído y procedieron a transformar esa coloración hasta acercarla en tinte a la del oído sano. Los adultos mencionaron experimentar una inmediata mejoría, la que duraba un promedio de tres días. Uno de los adultos (padre de los niños) repitió la maniobra varias veces, notando en todas ellas el mismo resultado con similar duración.

E. Todos los niños decidieron aprender a utilizar su habilidad extraocular para percibir zonas corporales afectadas por dolores o alteraciones tisulares. Los niños lograban describir órganos y zonas corporales sin ayuda de ningún manual de anatomía. Localizaban zonas alteradas en forma espontánea, como si estas emitieran señales fácilmente reconocibles y discriminables por ellos. En casos de infecciones, los niños fueron instruidos a destruir los agentes patógenos, emitiendo (a partir de sus dedos) "energía" en grandes cantidades.

12. Sobre todo en los niños más pequeños, se notó un ligero aunque claro movimiento lateral de toda la cabeza, la que se inclinaba entre los 20 y 30 grados hacia el lado derecho o izquierdo en un plano que se dibujaba como paralelo al plano del objeto. La impresión que se desprendía a partir del movimiento de inclinación era que el cuerpo del niño buscaba una interacción más cercana entre hemisferio derecho o izquierdo y el material por decodificarse.

13. Al inicio del entrenamiento, se notó que el niño seguía los contornos de los objetos antes de poder describirlos. En forma similar, colocaba sus dedos por debajo de una letra u objeto al momento en que se iniciaba la descripción. Esta observación se repitió en todos los casos estudiados y constituyó una evidencia acerca de la existencia de una sabiduría corporal que después se lograba verbalizar.

Resultados

Gran parte de los resultados ya se ha descrito en las secciones anteriores, por ello, en esta intentaré realizar una integración de todos los resultados obtenidos, sin detenerme a procedimientos y detalles innecesarios.

El resultado más claro y básico que se desprende de este estudio es la posibilidad de percibir visualmente sin necesidad de usar los ojos o los receptores retinianos. La finura del detalle de la visión extraocular parece ser similar al detalle de la visión retiniana, lo mismo que su fidelidad. La visión extraocular parece ser capaz de representar un mundo visual enteramente similar al que presenta la visión retiniana, sin la necesidad de utilizar la complejidad colosal de la estructura retiniana y presumiblemente sin la participación de las estructuras cerebrales, comúnmente encargadas de decodificar el mundo visual.

Una de las más llamativas observaciones, y una de las que primero se evidenciaron, es que los niños que parecían estar más en contacto con ellos mismos, los más seguros e intensos en su identidad personal, fueron los que con mayor facilidad adquirieron la visión extraocular.

El fenómeno existe y, además, su desarrollo parece seguir una secuencia lógica y repetida en los casos estudiados. Los niños que después de su entrenamiento son confrontados con un material gráfico al que no tienen acceso visual utilizan las manos y sus dedos para recorrer este material, intentando decodificarlo. En los casos más diestros, basta una sesión para que el niño comience a ver extraocularmente; en los casos "comunes", tres sesiones. En su primera interacción, la mano comienza por "barrer" la página del papel sin un plano o esquema predecible hasta que algo que acontece hace que los contornos de los objetos sean detectados.

Si la fotografía contiene una naranja, la mano del niño seguirá el contorno de la misma durante algunos segundos, pero si se le pregunta al niño qué es lo que siente, este no podrá describir algo congruente con las características de sus barridos manuales.

Si se le hace notar lo anterior, el niño súbitamente puede darse cuenta de que debe haber un objeto redondo, pero la visión extraocular seguirá sin aparecer. Pronto, el niño se cansa o impacienta de sus movimientos y decide dejar de realizarlos. Permanece quieto con su mano encima del papel concentrado en sus sensaciones y con una tendencia a inclinar su cabeza. En algunos casos, después de esta concentración el fenómeno aparecía. En otros, el niño debía recibir retroalimentación más detallada, quizá para descartar imágenes sin correspondencia y fortalecer las congruentes con el material real. Ya sea de una u otra forma, la visión extraocular aparecía en una especie de salto cuántico cualitativo, desde una casi total incapacidad de detección hasta una casi total perfección de decodificación.

En realidad, toda la descripción anterior tenía como objeto llamar la atención acerca de una notable característica del fenómeno de visión extraocular, siendo esta su aparición súbita y todo-o-nada en un salto discreto indudable.

Una vez que lo anterior ocurría, el niño era capaz de percibir cualquier material que se presentara con una exactitud de detalle y finura asombrosos. Generalmente, la primera sesión en la que aparecía el fenómeno implicaba un gasto energético muy grande porque los niños manifestaban signos claros de cansancio y en algunos casos se quejaban de dolores intensos en los ojos. Estos dolores y el correspondiente cansancio disminuían a partir de la segunda detección. En los casos más avanzados, la visión extraocular dejaba de implicar un gasto energético excesivo, porque el niño era capaz de realizar detecciones sin mayor preparación y con una total naturalidad y maestría.

Cuando otros niños veían las ejecuciones de sus compañeros, manifestaban el deseo de ejercitarlas por su propia cuenta. Cuando esto sucedía, el proceso de aparición del fenómeno parecía acelerarse. Quiero decir con lo anterior, que la ausencia de dudas acerca de la veracidad del fenómeno y la confianza en el entrenador ejercieron una influencia facilitadora.

Intentando estudiar hasta donde la visión extraocular sigue las mismas leyes de perspectiva y Gestalt que la visión retiniana, se realizó una serie de pruebas que se describen a continuación. Un niño fue solicitado para realizar descripciones de sus experiencias mientras el material visual se alejaba de su cuerpo sin que el niño estuviese enterado de la maniobra. Sin dudarlo, el niño describió un fenómeno de alejamiento y no uno de reducción en el tamaño o un cambio de material. En otras palabras, el niño percibió correctamente la maniobra tal y como la hubiera detectado con su visión retiniana. De la misma forma, en todos los casos pudieron describir correctamente la maniobra. Continuamente se le presentaban al niño objetos en movimiento, y también en todos los casos la detección e interpretación de los mismos fueron correctas.

Se presentaron prácticamente todos los colores del espectro con diversas tonalidades de los mismos y en todos los casos se observó una adecuada descripción de estos.

Cada niño (a pesar de seguir procedimientos similares de entrenamiento) manifestaba un estilo personal durante la visión extraocular. Una niña, por ejemplo, siempre realizó barridos rápidos con sus dedos frente al material gráfico porque, de acuerdo con su descripción, así era más fácil y exacto. Otro niño prefería leer palabras y no ver fotografías. Otro más prefería figuras y no material de lectura. La lectura de palabras se ejercitaba en una forma graduada, iniciándose con una detección de letras aisladas generalmente colocando un dedo debajo de la letra por leer. Bastaban unos minutos para que el niño empezara a leer palabras completas (aun en idiomas desconocidos para ellos) y más adelante la rapidez en la lectura se volvía similar a la usual con visión retiniana. Dos excepciones a este último caso fueron la de un niño y una niña que leían extraocularmente con mayor rapidez que con visión retiniana y que manifestaban más interés por hacerlo extraocularmente. Este interés se aprovechó para adelantar a los niños en sus clases de lectura del español.

De hecho, un interés de este estudio fue el de hallar una manifestación visible de una capacidad "psicofisiológica" para motivar a los pequeños a que aprendieran técnicas de contacto con su verdadera identidad. Por ello siempre se enfatizaba la necesidad de realizar meditaciones, centradas en la experiencia del uno mismo y en la pregunta acerca de ¿quién soy yo?

En este contexto, el autor manifiesta su ignorancia acerca de si otros métodos de entrenamiento pudieran ser más efectivos que los empleados en este estudio.

De hecho, algunos niños se dieron a la tarea de entrenar a sus amigos, hermanos y conocidos, y de ejercitar sus habilidades por su propia cuenta con resultados excelentes.

Una observación interesante es acerca de la edad en la cual la visión extraocular se facilita. Obviamente se necesitaría una muestra mucho mayor que la empleada aquí para contestar la pregunta. Sin embargo, algunas conclusiones se pueden desprender de los intentos infructuosos que el autor realizó con jóvenes de edad superior a los 16 años y con adultos todavía mayores, parecería que el fenómeno es difícil de evocar después de una edad límite de alrededor de 15 años.

En ocasiones se realizaron meditaciones en grupo, en las que se visualizaban luces y se estimulaba el contacto con el uno mismo. Siempre después de una meditación de este tipo, la visión extraocular se facilitaba. Es impresión del autor que el fenómeno se presenta con mayor intensidad y en una forma más clara cuando tanto el niño como el entrenador se encuentran tranquilos, concentrados en sí mismos en un nivel, en el cual el sí mismo pierde "fronteras". En otras palabras, cuando existe un contacto auténtico con una sensación de identidad que transciende lo puramente personal.

Otra observación interesante es que el entrenador no necesita visión extraocular para poder enseñarla.

Los niños fueron cuestionados en muchas ocasiones acerca de sus experiencias internas durante la visión extraocular. Algunos de ellos decían que lo que veían era exactamente igual que lo que percibían normalmente con los ojos abiertos. De hecho, en una ocasión una niña se prestó a ver televisión con los ojos vendados, describiendo a la perfección lo que sucedía en la pantalla, como si el aparato estuviese dentro de ella. Otros niños describieron la aparición de una pequeña pantalla dentro de su "mente", en la cual aparecían las figuras presentadas. Ningún niño mencionó que tuviera que crear conscientemente la imagen extraocular. Más bien, la imagen ocurría "por sí misma" de igual forma en la que nuestras percepciones visuales normales acontecen. La automatización de la imagen extraocular era clara desde el surgimiento del fenómeno y no parecía facilitarse, en forma notable, con la práctica. Sin embargo, lo que sí acontecía, a medida que el niño utilizaba su habilidad extraocular, era que se estimulaba una serie de fenómenos "adyacentes" al extraocular propiamente dicho. Tales fenómenos ya se han descrito en parte, y consistieron en una destreza extraña que permitía que el niño percibiera los órganos internos del cuerpo a través de la piel y que detectara zonas corporales dañadas o enfermas, revertiendo sus síntomas. Esta capacidad de curar junto con la visión "intracorpórea" serán discutidas más adelante.

El último resultado que me gustaría enfatizar es la relación entre el fenómeno extraocular y los cristales de cuarzo. En la sección de discusión, presentaré una postulación teórica que pretenderá elucidar el efecto facilitador de los cristales de cuarzo. Baste decir aquí que este efecto facilitador se observó en por lo menos cinco infantes (tres niñas y dos niños) y que su descubrimiento fue sorpresivo. Una de las niñas del estudio se prestó para hacer una demostración de su capacidad para ver un programa de TV. Utilizando una videograbadora Sony se proyectó una película inglesa a colores con subtítulos en español; la niña manifestó una dificultad para leer los subtítulos a una distancia de cinco metros con respecto a la pantalla (el equipo reproductor tenía una pantalla de aproximadamente 60 cm y era de tipo Sony), aunque pudo describir los colores de las escenas y la acción dramatizada. Mencionaba que aparecían líneas y puntos obstructores. Súbitamente, la niña me solicitó un cristal de cuarzo que llevaba conmigo y que utilizo en mis meditaciones. Al sostener el cristal con su mano derecha, la niña afirmó que las líneas y puntos distractores habían desaparecido, pudo leer fluidamente los subtítulos de la película y describir con lujo de detalles las escenas. El efecto fue tan dramático y claro que a partir de ese momento se probó su bondad con otros niños. Dos niñas afirmaron que el material gráfico que se les presentaba (una serie de fotografías de paisajes) adquiría tridimensionalidad al ser extraocularmente percibido, mientras un cristal de cuarzo era sostenido entre sus manos. Era, afirmaron, como si con el cristal estuvieran dentro de la fotografía (en medio del paisaje) y sin el cristal afuera y observándola como fotografía bidimensional.

Por último, dos niños y dos niñas fueron capaces de incrementar la distancia máxima en la que podían leer material impreso, con la ayuda de cristales de cuarzo.

Discusión

El mundo visual nos presenta tal apariencia de objetividad, realidad y concretismo externo, que sus elementos, árboles, rocas, nubes, animales, caras, edificios, etcétera, parecerían construir los elementos iniciales de un proceso perceptual fenomenológicamente isomórfico. De esta manera, rara vez nos percatamos de que lo que vemos como objetos con formas, colores, texturas diversas, no están allí dados en sí mismos esperando ser vistos por una especie de espejo mágico que simplemente refleja sus características, sino que por el contrario son creados a través de un procesamiento cerebral extraordinariamente complejo.

Puesto que no somos capaces de percibir el proceso neuronal responsable de la creación de nuestras imágenes visuales, sino únicamente tenemos acceso al producto final de tal procesamiento, suponemos que existe un exterior independiente y separado al que tenemos acceso y nos olvidamos (generalmente no existe razón para el olvido, puesto que la creación de la experiencia como posibilidad jamás ha sido considerada por nosotros, por lo que no existe nada que recordar) que lo que vemos es el producto de nuestra transformación de un "exterior" al que no tenemos acceso en sí mismo.

De esta miopía es responsable el énfasis en lo material y el olvido de nosotros mismos.

El fenómeno extraocular es una advertencia en contra de este engaño e ilusión, de la misma forma en que la percepción retiniana lo debería ser.

En realidad, el fenómeno de la visión extraocular y la visión retiniana normal no difieren en ningún aspecto esencial como intentaré demostrar en esta discusión.

El aspecto más misterioso y esencial del proceso perceptual lo constituye la transformación de la estructura energética del percepto a la cualidad de la imagen. Esta estructura está dada por el patrón de interferencia resultante de la interacción entre el campo neuronal y el campo cuántico. El procesamiento cerebral y espacial que da lugar a esta estructura es colosalmente complejo y todavía muy lejos de ser totalmente comprendido, pero en él no existen cambios cualitativos "cuasimilagrosos". En otras palabras, no existe luz ni en la forma de campo neuronal, ni en este último, como tampoco en el patrón de interferencia resultante de su interacción con el campo cuántico. En cambio, sí existe luz en la imagen visual.

Puesto que los reportes de los niños indicaron que ellos percibían una imagen visual luminosa (aunque extraocularmente procesada), esta visión y la retiniana no difieren en este aspecto. Ya mencioné la posibilidad teórica de que sea un procesador central asociado con la activación neurologorítmica o la misma unificación energética de un campo neuronal de alta sintergia (creado por un sistema nervioso funcionando en una alta coherencia inter e intrahemisféricas) el que, al interactuar con la estructura energética del patrón de interferencia, active la imagen cualitativa. No se pretende decir aquí que el procesador central sea un circuito de alta inclusión por convergencia o un algoritmo de alto poder de integración. Más bien, que es la activación de estos procesos, los que de alguna manera se asocian con la puesta en marcha de un centralizador. Se antoja pensar que cuando el sistema nervioso alcanza un alto grado de unificación interna, los procesos energéticos que resultan de la misma, hagan posible la interacción de ese sistema nervioso con algún nivel energético espacial, representativo de la "totalidad" del Universo y que ese contacto sea el responsable de la cualidad de la experiencia. En este caso, el procesador central estaría más cercano a la "totalidad" que a la existencia o puesta en marcha de algún circuito o campo neuronal específico.

La diferencia más notable entre la visión extraocular y la retiniana es, además de la utilización o no de los ojos como transductores, la presencia o ausencia de componentes visuales en el campo neuronal. En este sentido, la estructura energética de la experiencia visual en la visión retiniana (es decir, cuando sí existen componentes visuales en el campo neuronal) debe contener algún tipo de amplificación de la morfología energética de los patrones de interferencia dados por la interacción de los componentes visuales de ambos, el campo neuronal y el cuántico. En la visión extraocular (en ausencia de componentes visuales del campo neuronal), el patrón de interferencia debe ser diferente por lo menos en este factor de amplificación (el mismo debe estar ausente). Para lograr decodificar una imagen a partir de tal ausencia, el procesador central debería estar más activo que en la visión normal. Que este parece ser el caso, lo demuestra el hecho de que los niños con mayor capacidad para ser ellos mismos eran los que más fácilmente lograban la visión extraocular y los fenómenos adyacentes a ella como la visión intracorpórea. La existencia de esta última es crítica para descartar la posibilidad de superficies dérmicas mediadoras de la visión extraocular. Toda la evidencia reunida hasta la fecha indica que, de ser necesaria, la zona corporal mediadora (es decir, transductora de la imagen en compensación de la retina) es a todas luces inespecífica. En un mismo niño la zona variaba de localización (de la barbilla a la espalda o de las palmas de las manos a la barbilla) y en cada niño, la zona era diferente. Sin embargo, en todos se observó un desarrollo similar. El niño empezaba a ver extraocularmente, estableciendo un contacto directo entre las yemas de sus dedos y el material gráfico. Más adelante, lograba decodificar el material, separando sus manos del mismo. Después realizaba movimientos de barrido en el espacio entre su cuerpo y el material, utilizando sus manos. Más adelante podía ver colocando sus manos y brazos ocultos detrás de su espalda. Por último, el material podía ser colocado en la espalda del niño o el niño podía caminar y describir lo que se localizaba adelante o atrás de su cuerpo sin que aparentemente mediara alguna zona corporal. Este desarrollo indica la existencia de un proceso de alejamiento o separación del cuerpo con respecto a la visión extraocular. El más claro indicio de esta independencia era la visión intracorpórea. Esta aparecía cuando se completaba el proceso anterior.

Una observación que constituyó una verdadera sorpresa cuando apareció, y que es un hallazgo con posibilidades inmensas, es la relación entre la visión extraocular y los cristales de cuarzo. Cuando los niños sostenían uno de ellos, la imagen extraocular se focalizaba, adquiría mayor detalle y precisión, y en el caso de material gráfico bidimensional, este adquiría una nueva dimensión y se volvía tridimensional.

Una posibilidad de explicación de esta relación es que la estructura molecular y atómica del cristal de cuarzo afecte a la estructura energética del campo neuronal, modificando su morfología en una forma tal, que su interacción con el campo cuántico produzca un patrón de interferencia cuyos componentes visuales sean más fácilmente decodificados por el procesador central.

En escritos anteriores (Grinberg-Zylberbaum, 1981 a 1982) he postulado que tanto la actividad cerebral como el campo neuronal y el mismo campo cuántico son capaces de cambiar su organización informacional dentro de un continuo sintérgico que varía desde un extremo de baja hasta otro de alta sintergia. En el extremo de baja sintergia, la organización informacional es de baja redundancia y organización, y de pobre nivel de interacción entre partes. En cambio, en el extremo de alta sintergia, cada elemento de la organización es altamente inclusivo, de gran poder algorítmico, la organización es elevada, existen conexiones entre los elementos y la redundancia es máxima. Cada elemento de alta sintergia de una organización contiene a la totalidad de la organización. Una organización o un espacio de alta sintergia es más capaz de dar lugar a propiedades emergentes, que un espacio de baja sintergia. Un cerebro en un estado de alta neurosintergia es un cerebro más coherente, organizado, inclusivo e integrado y más centrado en sí mismo, que un cerebro en un estado de funcionamiento de baja neurosintergia.

También se ha demostrado que un cerebro en alta sintergia es capaz de comunicarse más fluidamente, alterar la fuerza gravitacional y establecer un contacto directo con otros cerebros (Grinberg-Zylberbaum, 1982).

Si un cristal de cuarzo incrementara la organización sintérgica de un campo neuronal, se esperaría que este último adquiriera una mayor capacidad para interactuar con el campo cuántico y que esto facilitara fenómenos tales como la visión extraocular.

La estructura molecular del cristal de cuarzo está de acuerdo con la idea de que su efecto pueda ser un incremento en el nivel de sintergia del campo neuronal. Esta estructura consta de un átomo de silicio (Si) conectado con un átomo de oxígeno (O) formando pirámides tetraédricas las que forman espirales tridimensionales cuyos giros se repiten cada cuatro moléculas. La primera molécula de cada espiral ocupa la misma posición que la cuarta y esta misma disposición se repite a lo largo y ancho del cristal. La distancia interatómica dentro de cada pirámide tetraédrica es de 1.61 + 0.03 Å para la distancia Si-O y el ángulo Si-O-Si es de 142°. La unidad cristalina fundamental está formada por una espiral de cuatro moléculas, las cuales pueden englobarse dentro de un cubo cuyos lados tienen una longitud de 4.913 Å y 5.405 Å respectivamente. La longitud de onda asociada con estas dimensiones es la que cae dentro del rango de los rayos X (entre 0.1 y 100 Å, siendo cada Å= 10 cm).

La alta redundancia, organización y simetría de los cristales de cuarzo podría servir como un modulador energético del campo neuronal, el que al atravesar el cristal mimetizara su estructura incrementando de esta forma su sintergia. Esta relación podría significar que el campo neuronal posee componentes de frecuencia del orden de los rayos X. La capacidad de visión intracorpórea manifestada por los niños más adelantados indica que aquello que media su experiencia perceptual debe estar asociado con un campo de alta capacidad de penetración a través de cuerpos opacos. Si el campo neuronal posee una longitud de onda parecida a la de rayos X, esto podría empezar a explicar el fenómeno observado aquí y la evidencia de modificación del peso de objetos localizados dentro de blindajes de metal, estudiada en otro experimento (Grinberg-Zylberbaum, 1981a, 1982).

Por último, la característica discreta del fenómeno y su aparición cuántica o todo o nada, merecen un intento de explicación. Debe existir alguna relación entre esta característica y el desgaste energético que los niños sufrían durante las primeras sesiones. Posiblemente el establecimiento de una interacción directa con el campo cuántico y la decodificación del patrón de interferencia "anómalo" (sin componentes visuales por parte del campo neuronal) requiere de un gasto energético exagerado que permita traspasar algún umbral desconocido.

Sea lo que fuere, el fenómeno de visión extraocular parece abrir posibilidades de estudio y de entendimiento de la función cerebral hasta ahora ignorados.

VII

LA COMUNICACIÓN Y LAS FUNCIONES DE UNIFICACIÓN

En 1935, Albert Einstein, Boris Podolsky y Nathan Rosen intentaron resolver algunos problemas planteados por la mecánica cuántica, proponiendo lo que en la actualidad se conoce como la paradoja Einstein-Podolsky-Rosen (EPR).

Esta paradoja EPR presupone que como fundamento de la realidad y en la base del espacio existe una matriz que interconecta todos los objetos conocidos. De esta forma, si dos partículas elementales interactúan y después se alejan, cualquier acción sobre una afectará a la otra, independientemente de la distancia a la que se encuentren entre sí. Einstein pensaba que los efectos de interacción a distancia estaban sometidos por una especie de "mar de resonancias" cuyas "olas" comunicaban entre sí a todo lo que existe.

La hipótesis EPR ha recibido un incremento de atención a medida que pasa el tiempo, y se han propuesto (y realizado) experimentos de laboratorio para poner a prueba sus postulados.

No es de mi competencia, ni me encuentro capacitado como para explicar con detalle los desarrollos contemporáneos de esta hipótesis. Sin embargo, sí quisiera mencionar que el físico Bell demostró su bondad y que últimamente el grupo de París encabezado por Aspect (1982) confirmó la predicción original.

En este momento, los físicos debaten la cuestión acerca de la velocidad a la que se transmiten los efectos que predice la hipótesis EPR. Existen, en este sentido, dos escuelas de pensamiento; por un lado, los físicos encabezados por Jack Sarfatti (1985), quienes suponen que las interacciones se realizan a una velocidad supraluminal, y por el otro lado los físicos que siguen a Albert Einstein, quienes consideran que la velocidad de transmisión es la de la luz.

Los resultados experimentales que se presentaron en este libro parecerían ser una extensión de la hipótesis EPR a nivel humano, y, desde este punto de vista, despiertan interrogantes similares.

La primera de ellas es acerca de la explicación del efecto observado de intercambio de correlaciones. De alguna manera dos cerebros humanos en interacción son capaces de afectarse mutuamente. "¿A través de qué medios y cómo se realiza la interacción?" es una pregunta que merece ser considerada.

Por otro lado, al igual que con la hipótesis EPR, se podría plantear la existencia de una velocidad de interacción para los intercambios de correlaciones interhemisféricas.

Estas y otras preguntas deberían ser contestadas a través del diseño y la realización de experimentos cuidadosos.

El autor está consciente de que su trabajo es apenas un modesto inicio del esfuerzo encaminado a resolver estas y otras preguntas.

Por ahora, es posible afirmar que, independientemente de nuestro conocimiento acerca de la física y la fisiología de la interacción, los patrones de unificación cerebral de un cerebro afectan a cerebros vecinos, modificando sus propios patrones.

Puesto que ya habíamos demostrado que los patrones de unificación interhemisférica (la correlación interhemisférica) reflejan la unificación psicológica (yoica) de un sujeto, se podría afirmar (de acuerdo con nuestros resultados) que dos seres humanos se afectan mutuamente transfiriéndose sus patrones de unificación. Esto último quiere decir que cuando un sistema se logra unificar, la "fuerza" de su desarrollo "contagia" este incremento de la función unificadora, como si esta guiara al proceso.

Algo similar se puede observar en el proceso evolutivo de la materia y la vida; lo que primeramente eran unidades aisladas (partículas elementales) se constituyeron en conglomerados unificados tales como los átomos, los que a su vez se unificaron en unidades más complejas como las moléculas y estas, a su vez, formaron las proteínas, los ácidos nucleicos, las células, los tejidos y los organismos.

Esta direccionalidad enfilada hacia el incremento en la complejidad, el número y la unificación ha sido considerada como uno de los ejes fundamentales de la evolución (de Chardin, 1965).

Se antoja especular que las interacciones entre cerebros también forman parte de una "hiperunidad" extraordinariamente compleja, cuyas unidades (cada cerebro) son sistemas constituidos por miles de millones de elementos. Esta hiperunificación (si nuestra hipótesis es correcta) debe estar asociada a funciones de una complejidad inimaginable.

Uno de los más excitantes temas de investigación del futuro deberá ser precisamente la elucidación de las relaciones que existen entre cerebros individuales y las funciones de hiperunificación que surgen de ellas. Este tema podría iniciar el estudio de lo que se denominaría "psicofisiología de los organismos sociales".

Por otro lado, en cualquier organismo, sus procesos de unificación afectan y son afectados por sus elementos. Así, por ejemplo, si un ser humano decide ayunar, su decisión (unificadora) afecta todas las células. De la misma forma, si una parte del cuerpo se enferma, acaba por afectar a todo el organismo.

Algo similar debe ocurrir con las funciones de hiperunificación y con sus elementos individuales. Ambos se afectan mutuamente en formas y a través de dinámicas que merecen ser investigadas.

Ahora bien, es mi impresión que algunos seres humanos son capaces de detectar las operaciones de las funciones de hiperunificación, e inclusive de modificación a través de la utilización de procesos desconocidos. Quizás el caso más espectacular, en este sentido, haya sido el de Pachita, quien era capaz de ejercer una influencia directa sobre la materia y la energía, modificándolas a voluntad.

En general, es el chamán el ser humano del que podría esperarse mayor destreza en el manejo de sus propias funciones de hiperunificación. Un caso interesante en este sentido es el de don Lucio, quien afirma ser capaz de detectar condiciones globales de la conciencia planetaria como si su sensibilidad fuera lo suficiente para ser afectado y percibir el estado de la conciencia colectiva.

En realidad, los estudios de comunicación presentados en los capítulos anteriores apoyan la idea de que todos los seres cerebrales estamos unidos en una matriz, red o lattice energética y que nos afectamos mutuamente.

De hecho, según la teoría sintérgica, nuestra experiencia "personal e individual" es el resultado de una interacción entre un campo energético activado a partir de la actividad cerebral (el campo neuronal) y la estructura energética del espacio-tiempo (la lattice del espacio). Por ello, estrictamente hablando, cualquier experiencia particular refleja y es un reflejo de condiciones globales colectivas y suprainindividuales.

Sin embargo, parecería que se requiere de un desarrollo particular como para volverse consciente del reflejo de lo colectivo en lo individual y de las posibilidades de que lo ndividual afecte lo colectivo.

Los patrones de correlación interhemisférica representan (en sus variaciones) diferentes grados y niveles de la interacción entre el campo neuronal y la lattice del espacio. Son, por ello, diferentes aspectos de la interacción entre lo colectivo y lo individual.

Mientras mayor sea la correlación interhemisférica, más cerca se encuentra una persona de la totalidad; en cambio, mientras menor sea esta correlación, más separación existe entre lo puramente personal y lo colectivo.

Las escuelas del Oriente hablan de la existencia de un ego personal y un Yo transpersonal. En el yoga (que quiere decir "unión") se intenta unificar a ambos. Cuando se logra que el ego personal se convierta en el Yo total se alcanza el pináculo del desarrollo y la iluminación. Quien logre transformar su ego en el Yo altera su relación con las funciones de unificación en el sentido de que deja de ser el sujeto de las funciones de unificación personales y se convierte en el sujeto de las funciones de hiperunificación. Obviamente, allí, su voluntad personal y separada desaparece y sus deseos individuales se convierten en deseos colectivos. Entre él y el mundo ya no existe diferencia. Es uno y en unidad con el resto.

Un chamán mexicano que parece haber logrado este estado de unificación es don Panchito de Yucatán, un chamán-nahual maya centenario, quien recomienda a sus discípulos "hablar únicamente con Dios". Su propia conducta y sus capacidades (descritas en otros volúmenes de esta serie) dan fe de su estado de unidad. Las funciones de hiperunificación son más complejas que las funciones de unificación. Esto está de acuerdo con la hipótesis inicial de esta obra, que dice que la complejidad de una función se incrementa conforme aumenta el número de elementos que le dan origen. Estas funciones de hiperunificación, tal y como se manifiestan en los chamanes mexicanos, incluyen procesos tales como la capacidad adivinatoria, el manejo de la materia y la energía, la capacidad de comunicación directa total, el manejo voluntario del fuego, etcétera. Veremos en el resto de este volumen algunos de los ejemplos de lo anterior.

VIII

LAS TÉCNICAS DE HIPERUNIFICACIÓN

En este capítulo examinaré el uso de las técnicas para lograr la hiperunificación. En primer lugar, la hiperunificación parecería ser una extensión del proceso normal unificador. Para que este último ocurra, es necesario activar un punto de referencia capaz de incluir aquello que se desea unificar. En otras palabras, si existiera un algoritmo con la suficiente capacidad inclusiva como para representar una serie de contenidos informacionales, ese algoritmo actuaría como el punto de referencia unificador de todos los contenidos.

Antes de la inclusión algorítmica, los contenidos se encuentran desligados entre sí y dispersos. Lo que la algoritmización hace es encontrar aquello que es común a todos los contenidos, representando a toda su carga informacional mediante un esquema o fórmula de representación. La algoritmización no es el único procedimiento de unificación, pero sí uno de los más poderosos.

Otro procedimiento es la creación de saltos dimensionales. Una serie de puntos desligados pertenecientes a universos no dimensionales se unifican en una línea perteneciente a un universo dimensional. Una serie de líneas desligadas pertenecientes a universos unidimensionales se unifican en una superficie localizada en un universo bidimensional. Una serie de superficies desligadas pertenecientes a universos bidimensionales se unifican en un sólido localizado en un universo tridimensional.

Una serie de sólidos desligados pertenecientes a universos tridimensionales se unifican en un hipersólido localizado en un universo de cuatro dimensiones, etcétera. De esta forma, en una dimensión superior se unifican los contenidos localizados en dimensiones inferiores. Este proceso de unificación es una consecuencia natural de la creación de estructuras complejas como las células, los tejidos y los organismos completos; creación que también es un medio de unificación.

Por lo tanto, existen por lo menos tres procedimientos principales de unificación: la algoritmización, el salto dimensional y en tercer lugar la creación de estructuras complejas. El cerebro humano utiliza estos procedimientos en sus labores de unificación: la algoritmización es la base del lenguaje y la formación de conceptos; los saltos dimensionales están asociados a la creación de campos neuronales; y la creación de la experiencia se asocia con la formación de estructuras complejas.

Obviamente nuestro interés más importante es hallar alguna función cerebral que sirva para activar los procesos de unificación y que no tenga límite de operatividad. Esta función es la observación.

Todo aquello que sea susceptible de ser observado se unifica en el acto de observación en el Observador mismo.

Puesto que, con el entrenamiento adecuado, es posible observar tanto los procesos de algoritmización como los saltos dimensionales y la creación de estructuras complejas, parecería que la observación es la llave pura para lograr la unificación y la hiperunificación.

Esto es así porque la localización del Observador siempre es en el universo de una dimensión superior a la que contienen sus objetos de observación. Por ejemplo, una línea se puede observar como tal desde un universo que contenga la dimensión propia de la línea +1. En otras palabras, solamente el Observador localizado en un universo bidimensional será capaz de observar unificada una línea perteneciente a un universo unidimensional.

De la misma forma, solamente un Observador localizado en un universo tridimensional será capaz de observar objetos bidimensionales unificados pertenecientes a universos de una dimensión menor a la de su localización.

A su vez, es el Observador el que puede atestiguar cualquier fenómeno lingüístico. Es decir, el Observador es capaz de unificar procesos algorítmicos. Además, el Observador es capaz de atestiguar las estructuras complejas de la experiencia. Por todo lo anterior, la técnica de observación de los propios contenidos es la más idónea para lograr la hiperunificación.

Esta técnica de observación es la contemplación autoalusiva. Según el Diccionario de la Lengua Española, contemplar consiste en "poner la atención en alguna cosa material o espiritual". Aludir, en cambio es "referirse a una persona o cosa, sin nombrarla o sin expresar que se habla de ella". De esta forma, la contemplación autoalusiva implica el acto de poner la atención, en silencio, en uno mismo. La denominación "uno mismo" se refiere a la totalidad de la mismidad en el presente. La totalidad de la mismidad en el presente no es la totalidad de uno mismo en términos absolutos, sino la totalidad tal y como puede ser percibida por la conciencia y la atención en el momento actual.

La contemplación autoalusiva es una técnica ideada para cambiar voluntariamente la focalización del Observador y hacer que penetre y transforme en experiencia consciente diferentes orbitales permitidos.

Generalmente, mantenemos fija la focalización del factor de direccionalidad en un solo orbital, aquel que conforma nuestra vida cotidiana. La contemplación autoalusiva hace que el Observador logre focalizarse en orbitales diferentes, siguiendo un eje direccional de incremento sintérgico. Este eje, como ya había mencionado, va desde una identificación con la materia en la experiencia perceptual concreta, hasta una focalización en realidades suprarracionales.

El cambio de focalización ocurre cuando el sujeto logra activar el algoritmo que incluye toda la información previa a su localización presente. Cuando se logra observar este algoritmo se produce una autoalusión. La contemplación autoalusiva es, precisamente, la acción de contemplar el algoritmo total. Cuando esto ocurre, el cambio de orbital se da como resultado.

El secreto de la técnica consiste en mantener la contemplación autoalusiva hasta que el único componente que quede por aludir sea el mismo Observador. En ese momento, lo que aparece como experiencia es lo que el budismo zen denomina "la naturaleza esencial" y lo que el budismo tibetano llama "el Yo puro", lo que el hinduismo conoce como "Purusha" y lo que el sahivismo de Cachemira bautiza como "el Ser". Este Ser en la tradición cabalista se localiza en la última y más elevada de las Sephirot.

El Yo puro es el testigo neutral de la mente. Como tal, no cambia cuando el contenido de sus observaciones es alterado. Como algoritmo poderoso, contiene colosales cantidades de información, pero sin detalles. El Yo puro es sentido como el sentimiento más familiar que hay, como la sensación más cercana y la condición más íntima de Ser. Cuando alguien se pone en contacto con el Yo puro siente este contacto como su identidad real. El Yo puro está relacionado con el sentimiento de paz interna, congruencia, equilibrio y carencia de tensión. La principal diferencia entre el Yo puro y el ego es que el Yo puro transciende el cuerpo y la mente, mientras que el ego es una estructura restringida de la personalidad, limitada por alguna identificación.

La definición de Freud del ego como organización coherente de procesos mentales es similar a la definición de Gendling sobre el ego como "organización-propia" (1964). En estas definiciones, el ego es visto como el algoritmo que incorpora alguna, pero no toda, la información y contenidos de la mente. Algunos contenidos quedan reprimidos como protección en contra de la desorganización del algoritmo limitado, llamado ego. Esto es como si el ego fuera elaborado por el individuo como un yo restringido. Probablemente la diferencia principal entre el ego y el Yo puro está relacionada al poder y perfección del algoritmo que ellos representan. El Yo puro sería el último algoritmo, el que incorpora toda la información del cerebro sin exclusiones hechas por mecanismos represivos. El Yo puro es, por tanto, el Todo. En contraste, el ego es un algoritmo parcial incapaz de incorporar toda la información y dependiente del mecanismo represivo para mantener su organización limitada. El ego no es el todo. El Yo puro debe exceder el nivel de coherencia del ego, porque el algoritmo del Yo puro incorpora en sí mismo al algoritmo del ego. De esta manera, la consideración freudiana es aplicable al Yo puro pero con mayor rigor.

La técnica más poderosa de unificación es la "contemplación autoalusiva sin límites" (CASIL), que consiste en una observación autorreferencial en secuencia interminable. En otras palabras, cuando se activa la CASIL, el sujeto observa su estado total del presente contemplando su mismidad integrada. Esta operación la unifica en sí mismo en el Observador. Al mismo tiempo la CASIL modifica el estado del sujeto porque lo transforma de un nivel de menor a uno de mayor unificación.

Cuando se vuelve a ejercer la CASIL sobre el nuevo nivel de unificación, se le vuelve a transformar. Si el procedimiento se continúa en secuencia interminable, se llega a la hiperunificación como resultante lógica del proceso.

La forma de activar la contemplación autoalusiva no es muy complicada. Consiste en actuar como testigo de los propios procesos. La técnica puede iniciarse observando las sensaciones corporales recorriendo el cuerpo parte por parte, y después observando el cuerpo como una totalidad integrada y unificada. La psicología contemporánea habla de la existencia de una imagen corporal y de la capacidad de sentir un cuerpo como un todo.

El siguiente paso sería la observación del cuerpo en sus posturas, en sus movimientos y en su conducta general. Esta última observación debería ser efectuada simultáneamente con la primera y ejercida junto con la siguiente. Es decir, con la observación de los procesos de pensamiento, los sentimientos y las emociones. La observación simultánea de todos los contenidos mentales junto con la contemplación de las sensaciones corporales activa un primer nivel de autoalusión. En este, el sujeto comienza a verse y a integrarse como una totalidad unificada.

El siguiente nivel autoalusivo ocurre cuando la totalidad del primer nivel es, de nuevo, contemplada. Cuando esto se logra, el Observador da un salto dimensional, porque es capaz de observar su totalidad desde un punto de referencia que la incluye.

Cuando se vuelve a contemplar la nueva totalidad autoaludida, se pone en marcha el proceso CASIL.

Uno de los efectos de la puesta en marcha del proceso CASIL y una de las primeras señales de hiperunificación es la aparición y la vivencia de los fenómenos de sincronicidad. Carl Jung definió la sincronicidad como un proceso de relaciones acausales, en el cual dos o más eventos aparentemente desligados entre sí, aparecen como unidos y relacionados, sin que pueda encontrarse una relación causal que explique su aparición. La CASIL activa los procesos de sincronicidad y los presenta ante la conciencia como evidencias cada vez más cotidianas, como si la realidad estuviese basada en estos eventos como condición normal del devenir.

El ser humano que penetra en la hiperunificación vive el mundo como un conjunto de eventos entrelazados y reconoce la inexistencia del azar en toda experiencia. Otros seres humanos y él se encuentran formando parte de una unidad que él es capaz de observar y entender.

En realidad, la hiperunidad siempre existe, y la sincronicidad es un proceso cotidiano y vernáculo. Lo que cambia con el uso de la CASIL es la conciencia de esa existencia y su vivencia clara y constante.

Además de esta vivencia, la CASIL activa una cualidad de la experiencia que podría denominarse de integración yoica. Esta integración también procede por varias etapas, incrementando su alcance y abstracción.

Primero, se activa la sensación de poseer un yo con contenidos específicos y separados del resto de otros Yo. Después, la sensación yoica comienza a incluir cada vez un mayor número de contenidos, hasta que en un proceso posterior se activa la sensación y la experiencia del Yo puro. El Yo puro es la experiencia búdica original. En el Yo puro solamente existe unidad sin separaciones ni contenidos concretos. Desde el Yo puro la realidad se experimenta sin ego.

Para que lo anterior ocurra, y como requisito indispensable en el proceso CASIL, es necesario aprender a aceptar. No puede activarse la CASIL sin que, simultáneamente, se haya aprendido a aceptar.

IX

LA COHERENCIA, EL HIPERCAMPO Y LOS ILOLES DE CHIAPAS

En el cerebro humano existen por lo menos dos niveles diferentes de coherencias: una global y la otra local o específica. La coherencia global es la coherencia básica del sistema cerebral, es decir, la que mantiene unido, en el nivel basal, todas las estructuras funcionales del sistema nervioso. Esta coherencia basal es la responsable de la integración yoica básica del individuo, impidiendo su desintegración o desmembramiento.

Sobre este nivel basal de coherencia general existe la coherencia específica o local. Diferentes regiones del sistema "exploran" estados de especificidad funcional y se manifiesta en ellos una deshomogeneización con respecto al resto. Las zonas locales siempre se mantienen embebidas y sostenidas por la coherencia basal pero, al mismo tiempo, la trascienden.

El resultado de la exploración de las zonas locales es, a la larga, la creación de un nuevo y más evolucionado nivel de coherencia basal, al que llegará el sistema cuando todo él acceda a penetrar en alguna avenida exitosa de exploración realizada por alguna zona local. Sin la existencia de zonas locales y de sus estados de deshomogeneización, el sistema degeneraría en un estado estático de equilibrio inconmovible y estéril. Sin el estado basal de coherencia, el sistema perdería su cohesión yoica y se derrumbaría desmembrado y desarticulado.

Por lo tanto, ambos, el nivel basal y los estados locales, son necesarios para la supervivencia y el desarrollo de los sistemas cerebrales humanos.

El hipercampo

Ahora bien, al igual que como ocurre con un cerebro individual, acontece con un conjunto organizado de estos, es decir, con una comunidad, una sociedad, un país y el propio planeta en su totalidad.

Si en el interior del cerebro la coherencia está dada sobre todo por la interacción axónica entre elementos neuronales y por la correlación de la actividad de grandes poblaciones de estos, en una sociedad cada cerebro interactúa con el resto a través de la irradiación de sus campos neuronales.

Cada campo neuronal del cerebro vivo interactúa con la organización energética del espacio y con otros campos neuronales. La interacción entre todos los campos neuronales y la estructura básica del espacio-tiempo forman un hipercampo que todo lo llena y todo lo penetra.

El hipercampo también manifiesta, por lo menos, dos diferentes niveles de coherencia; por un lado una coherencia hipercámpica basal y por el otro, una coherencia hipercámpica local.

La hipercoherencia basal determina lo que la psicología conoce como conciencia colectiva o conciencia global, la que forma, por así decirlo, el "Yo" de una comunidad o de una sociedad. Simultáneamente, existen individuos que no se ajustan a la hipercoherencia global o basal y forman "islotes" de deshomogeneización. Estos islotes actúan en forma similar a las zonas locales de coherencia, las que en el cerebro individual ejecutan labores de exploración. En una sociedad, estos "islotes" son parte de los grupos disidentes, de los espíritus revolucionarios, de las organizaciones con ideales particulares, de las minorías, etcétera.

Si una comunidad pierde en coherencia basal y en ella únicamente subsisten las zonas locales, esta comunidad está destinada a desaparecer, desintegrándose por la falta de un espíritu comunitario. Si, en cambio, en una sociedad existe únicamente el consenso y la homogeneidad, termina por estancarse en un estado de inmovilidad aburrida y constante.

Las zonas locales de deshomogeneización sirven, en una sociedad, para que esta se movilice en busca de un nuevo estado de equilibrio, idealmente más evolucionado y abarcante. Ambas, la hipercoherencia basal y local son necesarias e interdependientes.

Un individuo de una sociedad siempre es afectado por el hipercampo de la misma. Aunque esto es aplicable a todos y cada uno de los miembros de una sociedad, existen individuos que son más sensibles y capaces de detectar el hipercampo y, por lo tanto, de conocer y experimentar los designios y el camino de la conciencia colectiva. Estos seres privilegiados son aquellos que han incrementado sus niveles de neurosintergia.

Precisamente en la categoría anterior se encuentran los verdaderos chamanes. Un chamán se caracteriza, además de otras cosas, por su sensibilidad incrementada y por su capacidad de decodificar información que para el resto de la población pasa desapercibida.

Por otro lado, es posible suponer que el hipercampo pueda ser modificado y que algunos individuos sean capaces de alterarlo más que otros. En realidad en cualquier interacción con el hipercampo siempre somos influidos por él, pero también lo modificamos. De acuerdo con nuestros resultados experimentales, a mayor coherencia interhemisférica, mayor es la capacidad de afectar a otros cerebros y posteriormente también al hipercampo. Ya veremos más adelante que el concepto de coherencia (aunque no con este nombre) es importante para los iloles (chamanes) de Chiapas.

Existen varios indicadores objetivos de la penetración en estados de interacción sensible con el hipercampo. Quizás el más conocido de estos sea la aparición de eventos sincronísticos. Otros indicadores son la capacidad de percibir el "futuro" y obviamente la capacidad de detectar, en forma directa, el estado interno de otros seres humanos.

Los iloles de Chiapas

En los Altos de Chiapas existe toda una comunidad de chamanes que parecen poseer en mayor o menor grado algunas de las capacidades anteriores; son los llamados iloles, quienes se encuentran distribuidos en toda la zona. Los iloles son indígenas que han conservado las técnicas y la cosmovisión lograda por generaciones de chamanes.

Cuando en un día de fiesta se penetra al templo principal de los chamulas, en San Juan Chamula, se observa a los iloles acompañando a familias enteras o a individuos particulares. Allí, en medio de velas encendidas, sahumerios en los que el copal lanza su humo blanquecino, el ilol reza pidiendo por la salud de algún miembro de la familia y de vez en cuando toma un brazo del doliente y palpa sus pulsaciones colocando sus dedos sobre su muñeca.

Después, vuelve a sus rezos y cuando lo cree necesario frota el cuerpo del paciente con un huevo o con un pescado envuelto en papel periódico. Toma un trago de posh (aguardiente) y lo sopla sobre las flamas de las velas para, al final de la ceremonia, tomarse, en compañía de la familia, un vaso lleno de refresco.

Cuando se me permitió penetrar al templo, observé docenas de figuras de santas vestidas con trajes regionales y ataviadas con collares de espejos. Según los iloles, son para que los devotos reciban el reflejo de la luz del santo.

Los iloles pulsadores repiten su operación de sentir el pulso con intervalos variables. Algunas veces atienden en silencio a sus sensaciones al pulsar y en otras oran mientras sostienen la muñeca del paciente.

Después me explicaron que hacían aquello para saber si sus ruegos habían tenido éxito. El pulsar les servía para diagnosticar el estado del paciente. El posh que vertían soplando sobre las flamas de las velas era para alimentar a los espíritus que molestaban a los enfermos. Habían velas de varios colores alternados y velas de un solo color. Las velas blancas eran para ofrendar a Dios y las de colores para satisfacer al Pukuj (demonio).

Don Antonio de Chenalhó "pulsando" al autor. Fotografía tomada por José Vicente Recino del INI de Chiapas.

Ejemplo de una figura religiosa
(Santa Marta de San Juan Chamula)
Obsérvense los espejos. Fotografía tomada por José Vicente Recino del INI de Chiapas.

Esposas de los dirigentes chamulas
Fotografía tomada por José Vicente Recino del INI de Chiapas.

San Juan Chamula celebraba a Santa Rosalía cuando lo visité. Cientos de velas flameaban en el interior del recinto cuyo piso estaba tapizado de hojas y ramas diminutas de pino. Los iloles "plantaban" sus velas en el suelo después de derretir sus bases con una llama de veladora. Colocaban las velas en hileras perfectas y al final formaban cuadrados de luz danzante. El humo del copal, la luz de las velas y el olor del piso de pino impregnaban el ambiente de un sabor excitante y misterioso. Los cantos y rezos de los iloles, los pulsadores y las familias rodeadas de flamas y de figuras llenas de espejos despertaron en mí una curiosidad por entender qué es lo que ocurría allí.

Un ilol llamó mi atención. Estaba arrodillado junto a su paciente al que pulsaba rodeado de flamas mientras hablaba en dirección al altar principal.

Durante varias horas continuó un monólogo cuya sinceridad era palpable aunque no se entendieran sus palabras.

Don Antonio de Chenalhó

Conocí a don Antonio al día siguiente. De presencia fuerte y limpia, vestido con un típico mandil blanco y un cinturón de piel oscuro ceñido a su cintura, me impresionó por su pulcritud y fortaleza. Don Antonio es uno de los iloles más respetados en los Altos de Chiapas. Vive en Chenalhó y la comunidad acude a pedirle consejo, ayuda y curación.

Don Antonio me confesó saber que yo iba a llegar para visitarlo, porque lo había soñado. Dijo que esa capacidad predictiva durante el sueño le permitía saber las enfermedades a las que se enfrentaría una región o una comunidad específica. Cuando recibía un mensaje de enfermedad futura le comunicaba él mismo a las autoridades religiosas, a otros iloles y a mensajeros, quienes juntos oraban en una montaña para tratar de desviar la enfermedad o tomaban medidas preparando hierbas medicinales específicas para atacarla. Por ello la actividad de don Antonio no es únicamente curativa sino también preventiva.

El ilol es enemigo del akchamel (brujo), quien enferma a las personas. El ilol recibe su iniciación durante el sueño y después debe demostrar, ante la comunidad, sus dotes curativas. Don Antonio dice que al pulsar la sangre, esta le habla y le comunica la razón de la enfermedad del paciente. La sangre habla diciendo si la enfermedad es del cuerpo o del alma, si es natural o provocada por un akchamel. También dice la forma de curarla.

Según los iloles, un akchamel puede cortar la existencia (tuchvilosa) de un paciente. El ilol debe unir la existencia (zakova) para que el brujo llegue a su término natural y no sea arrancado prematuramente de la vida.

Según don Antonio y los iloles de Chiapas existe un alma chica (chulet bikit) y un alma grande (chulel muk). Cuando enferma la chulel muk el paciente tarda mucho en morir. Cuando enferma la chulet bikit la enfermedad es fulminante.

Cuando una enfermedad viene como castigo de Dios, es relativamente fácil curarla. En cambio, cuando la enfermedad proviene del Pukuj, es muy difícil curar al paciente porque el Pukuj es un ser malo y egoísta, que desea daño.

Según los iloles, existen zonas de la tierra ocupadas por el Pukuj. Estas yahualbalumil no deben ser visitadas y menos aún habitadas por seres humanos. Si un ser humano vive en un lugar yahualbalumil enferma y puede morir.

Según don Antonio, el pulsador aprende su oficio en una forma mágica, generalmente a través de sueños.

Uno de los elementos más interesantes, diagnósticos, asociados con la detección del pulso, es la comparación bilateral. Don Antonio afirma que quien tenga el pulso de la mano derecha igual al de la izquierda es un sujeto sano y además poseedor de una sola alma inmersa en Dios. En cambio, quien manifiesta pulsos bilaterales desiguales no está sano y puede ser poseedor de más de un alma. Las personas que poseen 13 almas son malas sin remedio, aunque fuertes y difícilmente vencibles. La persona con una sola alma es vulnerable, pues quien se apropia de ella lo dejará sin posibilidades de supervivencia. Por ello, quien tenga el pulso bilateral igual y tenga una sola alma debe tener mucho cuidado.

Obviamente, el concepto de pulso bilateral igual es muy parecido al concepto de alta coherencia interhemisférica. Yo me atrevería a sugerir que ambos conceptos hablan acerca de la misma realidad. El ser cuya coherencia interhemisférica es elevada (quien tiene el pulso derecho e izquierdo similares) es un ser unificado y por ello posee una sola alma. En cambio, quien vive en un estado de baja coherencia interhemisférica es un individuo disperso y no unificado, por lo tanto tiene más de un alma.

En términos sintérgicos, lo anterior implica que las coherencias locales son las que existen a expensas de una coherencia basal ausente, lo que conlleva a la existencia de un sistema falto de cohesión y unidad.

El hecho de que don Antonio sea capaz de sentir la presencia de enfermedades colectivas y aun de pronosticar su ocurrencia indica que este ilol se encuentra en un estado de alta neurosintergia y en posibilidad de detectar o sentir directamente el estado del hipercampo.

Existe una institución ilolica llamada C'oponejuits o rezadores de los cerros. Presumiblemente, los C'oponejuits además de ser capaces de detectar el hipercampo, poseen el poder de modificar sus características.

Don Antonio se considera a sí mismo un sujeto con una sola alma y en un estado de alta similitud bilateral. En términos fisiológicos, don Antonio se identifica a sí mismo como alguien en un estado de elevada coherencia interhemisférica, unidad y neurosintergia.

Desde este punto de vista es comprensible que posea una alta sensibilidad hipercámpica, que sea capaz de realizar predicciones y que pueda modificar el estado del hipercampo.

Por otro lado, la iniciación chamánica durante el sueño y la enseñanza onírica es un fenómeno bastante común en el chamanismo mexicano. Grandes chamanes tales como don Panchito, don Lucio y el mismo don Antonio lo reportan como experiencia propia verdadera. Los recientes hallazgos acerca de una elevada coherencia interhemisférica durante el sueño (Corsi, 1986) están de acuerdo con la de estados de elevada sintergia durante este estado.

Los iloles utilizan, además de los ya descritos, otros procedimientos terapéuticos. Don Antonio afirma haber tratado varios casos de chulel bikit con gallinas. Estas se frotan en el cuerpo del paciente con el objeto de que absorban la enfermedad o el daño del mismo. El ilol observa el comportamiento de la gallina después de esta operación. En los casos del chulet bikit, generalmente la gallina muere a los tres días. Si esto sucede, el ilol sabe que la enfermedad será curada porque se ha transferido íntegra al cuerpo de la gallina. Este procedimiento también se utiliza por otros chamanes de México tales como don Lucio.

Otro de los procedimientos ilólicos comunes con los de otros chamanes mexicanos es la limpia con huevos. Esta la realiza el ilol, aunque sin usar el procedimiento diagnóstico de "vista" utilizado por otros chamanes.

Según don Antonio, el pulso del brazo derecho puede llegar a mentir y por lo tanto no es muy confiable. En cambio, el pulso del brazo izquierdo nunca miente porque está más cerca del corazón. En otras palabras, el ilol considera más importantes los aspectos relacionados con el corazón, como las emociones, los sentimientos y el amor.

El chulet bikit ocurre cuando existe una intromisión de un alma ajena y es labor del ilol alejarla para que el paciente vuelva a entrar en contacto y solo posea la suya propia.

Don Antonio afirma que los iloles de la antigüedad eran capaces de curar a distancia utilizando únicamente su poder mental. Actualmente, según este ilol, la fuerza es menor y solo se pueden realizar curas a distancia cuando se posee alguna prenda del enfermo.

Por último, según don Antonio, dos almas se pueden unificar en un mismo sujeto a través de la observación. Esta última sirve para unir pero no es suficiente como procedimiento terapéutico. A la observación se le debe añadir el rezo. Ambas son suficientes para unificar y curar.

Aquí se antoja pensar que el ilol considera que los procedimientos privados e individuales de la observación no son completos porque descuidan la existencia de algo externo y mucho más poderoso. Este algo, según don Antonio, es el que alimenta el espíritu y es Dios.

Dios y el acto de observar, unificar y reconfortar.

Transcripción de una entrevista con don Antonio de Chenalhó

Don Antonio permitió que se grabara una entrevista que tuve la oportunidad de hacerle en Chenalhó.

La entrevista se realizó en el portal de la casa de don Antonio, un día soleado de septiembre de 1986. Estaban presentes don Antonio; el autor; José Vicente Recino, quien es el director del Archivo Etnográfico de Chiapas; un traductor; la esposa de don Antonio y dos de sus hijas.

Algunas de las cuestiones tratadas fueron traducidas al español, por lo que es necesario asumir fallas en la interpretación. El autor se percató de que el traductor transformaba las preguntas y respuestas simplificándolas, por lo que se solicitó al final de la entrevista que fuera más literal. Existe una tendencia hacia lo concreto que fue responsabilidad del traductor y su deseo de simplificación. Con esta advertencia, hela aquí:

Los iloles de Chiapas
(Don Antonio de Chenalhó)

Traductor: ¿Por qué se siente tan bien, tan fuerte?, que no entiende, ¿que si puede explicar algo?, por ejemplo, ¿por qué usted dice que se siente así?, ¿por qué?, algún ejemplo.

Entrevistador: Como mucha alegría interna, mucha felicidad, como si se tuviera una luz adentro, pero se siente aquí, aquí es donde se siente más, ¿por qué? (Dialecto)

Traductor: De ver el ambiente bonito, el ambiente, cualquier persona que venga, porque él o las gentes, pues no lo extraña, pues, sino que con el corazón abierto, claro que también el ambiente coopera, pero de eso dice él que según las personas que vengan y según sus comportamientos, sus tratos, lo que pueda ser, porque también las gentes vienen con malas intenciones. Porque hay unas gentes que vienen con apariencias, vienen a sacar cosas buenas y luego es todo al contrario, hemos tenido gentes de eso, él lo sabe, eso dice. Si es que en realidad vienen en una investigación, en bien del pueblo, en bien de la humanidad, entonces esa persona es bien recibida. Pero hay gentes que nada más aparentan, entonces también eso es la coordinación, pero según la presentación de cada persona, porque no todas las personas vienen tan amables como ustedes, pues, eso es su indicación.

Entrevistador: Ahora, ¿quién es el que da la bienvenida?, ¿por qué el hombre le da la bienvenida a otro hombre? ¿Los lugares también pueden dar bienvenida?

Traductor: En este momento dice él que les da la bienvenida a ustedes, vuelvo a repetir que si en realidad vienen a visitar con buena manera, y de eso le pide a Dios Nuestro Señor la bienvenida, que no sea la primera vez y que sigan visitando, pero siempre en vez en cuando, que sea una visita en beneficio de la humanidad o de la gente.

Entrevistador: Cuando pulsa y hace un diagnóstico, ¿cómo es que sabe lo que sabe?, ¿cómo le habla a la sangre, pues?, ¿qué es lo que le habla?, ¿es un mediador la sangre?, ¿cómo es eso?

Traductor: (risas) No le entiendo de eso, ya estamos entrando en una consulta, ¿no? Para poder diagnosticar yo tenía que hacer un montón de preguntas, yo soy médico, vamos a entrar en una consulta, le preguntamos cómo puede una consulta diagnosticar esa enfermedad, por qué el diagnóstico. Lo que él va a dar, pues, en el pulso, él no va a utilizar ningún aparato, estetoscopio, entonces vamos a entrar en eso.

(Pregunta en el dialecto y contestación)

Traductor: En un paciente que le puede llegar, por eso lo tiene que pulsar en el pulso, dice que habla, como que si hablara, pero en voz alta. De allí, en medio de la pulsación, lo siente si tiene temperatura, lo siente si es brujería, lo siente si es enfermedad del alma y lo siente si es simplemente envidia, pero en la sangre lo siente, en la pulsación, y de esa pulsación como que si llegara del corazón de él.

Entrevistador: ¿Como si fuera su propio corazón?

Traductor: ¡Ah, sí! Y dice que no son imaginaciones ni pensamientos, sino que lo tiene que diagnosticar, que Dios le ha dado el poder para clasificar la clase de enfermedad por medio del pulso.

Otra voz: ¿No cualquier persona puede?

Traductor: No, dice él que no cualquier persona.

Entrevistador: ¿Me podría pulsar a mí?, ¿me podría decir cómo me ve?, para tener la experiencia, para entender yo.

(Pregunta y respuesta en dialecto)

Traductor: Dice que sí.

Entrevistador: ¿Me acerco?

Don Antonio: (en español) Buena gente, buen corazón.

(Dialecto y español, mezcla de diálogos)

Traductor: Tiene el corazón muy bueno, hay otros que nada más vienen a engañar, una mano dice que es mentiroso, pero la otra no, la del lado de su corazón dice que no, su corazón no es mentiroso, sí está más, uno aquí, los dos igual, es muy bueno, es parejo, fibra, fuerza con Dios... hay unos que muy débil aquí.

Entrevistador: Está disparejo.

Otra voz: ¿Yo cómo estoy, don Antonio?

Don Antonio: ...

Entrevistador: Me dijo que yo estoy bien.

Traductor: Dice que está usted bien.

Otra voz: Quieren emparejar.

Otra voz: ¿Sí van a emparejar?

Otra voz: Va a emparejar, pero si está un poco bajo, quieren igual en todo.

Otra voz: Parejo.
Don Antonio: (en español) Un balance.
Entrevistador: Dígale que yo estoy estudiando eso, el balance de los dos lados, que si pues...
Don Antonio: (frases en dialecto no traducidas)
Entrevistador: ¡Coherencia, está estudiando que hay coherencia!, nosotros le decimos coherencia, que los dos lados estén en coherencia.
(diálogos en dialecto)
Entrevistador: Cuando hay coherencia, bueno cuando está igual el pulso, ¿es cuando Dios empieza a contestar? O sea, hay una relación entre igualdad.
Don Antonio: (en español) ¿Es una pregunta de usted?
Entrevistador: Sí, sí, sí, ¿sí, don Antonio?
Don Antonio: (en español) Exacto, sí, sí, sí.
Entrevistador: Cuando hay igualdad, ¿uno está más unido y se une con un todo?
Don Antonio: (en español) Eso es, sí sí, sí.
Entrevistador: Don Antonio, me dijeron que ustedes creían que existía una chulel bikik y una chulel muk y un pukuj.
Don Antonio: (en español) ¡Ah, chulel bikik!, hum, eso es, así es.
(diálogos en dialecto)
Traductor: Sí, vamos en el bikik chulel, chulel kikik.
Entrevistador: ¿Chulel kikik?
Traductor: Nada más es al revés.
Entrevistador: ¡Ah!, ¿es bikik chulel?
Traductor: Bikik chulel.
Otra voz: Es muy peligroso ese, mata luego.
Traductor: Nada más dice que esto es muy peligroso, porque la palabra bikik chulelal es como aquellas personas,

vamos a suponer neurótica o muy nerviosa en cualquier cosita que no le gustó, uno puede matar inmediatamente. Entonces eso es bikik chulelal, porque puede matar rápido eso, pero si es que le da tiempo de pulsar y sentir si es que simplemente por un soplado podría sanar, y si no, también en el pulso puede decir si tiene que rezar, tiene que encender sus velas, sus inciensos, quizás hasta una gallina pa comer, un tamal, un poquito de licor, eso es para ser eso, pero eso es muy peligroso… ese es alma chica, le llaman, eso es bikik chulelel, es alma chica.

Entrevistador: ¿Pero todos tenemos un alma chica?

Traductor: Todos.

Entrevistador: Pero a veces está mal y se probó.

(diálogos en dialecto)

Traductor: El alma chica no es de uno, ni mío ni de usted, alma chica viene otra alma extraña para atacar a usted.

Entrevistador: ¡Ah!

Traductor: Otra alma para atacarlo a usted.

Entrevistador: Claro, y por eso se pone mal.

Traductor: Su enemigo, pues, parlé hace rato de que una persona neurótica, por ejemplo, usted está hablando bien, pero ya le entendió mal y ahorita lo mata con pistola, escopeta, los puede matar otra alma, otra persona.

(diálogos en dialecto)

Traductor: Según tiene que encender sus velas, son seis de estos diferentes colores y 13 de esas chicas que no se encendieron.

Otra voz: Este es para Dios en el cielo, ese es para el pukuj le dicen, envidia, es de color, este es para Dios.

(diálogos en dialecto)

Traductor: Sus velas que nos enseñó, las blancas, son para Dios, primero tiene que hablar Dios, para que así pueda ayudar a hablar también al pukuj. El pukuj ya es el demonio, es el Satanás, el que usted quiera. ¿Por qué?, porque él es el que causa mal sin la voluntad de Dios y por eso antes tiene que hablar a Dios para poder pasar a hablar con el demonio. Vamos a poner así: el pukuj es el demonio, esas velas que nos enseñó, la roja y de colores, para poder hablar que deje de amolar a un enemigo, por ejemplo, que lo está atacando, y se le puede decir; "detente". Si es amigo muy picardón, pues no chingues, o sea, tomar una cerveza pa' que nos pongamos de acuerdo, ¿no?, y eso es lo que está haciendo con el demonio para que así dejé de amolar al alma o a la otra persona, pa que deje vivir, pues.

(diálogos en dialecto)

Traductor: El ejemplo es como un licenciado, el médico tradicional, es como un licenciado que tener que hablar primero al jefe que es el Dios, para que ahí se llegan a juntar las tres personas, o sea el médico tradicional, Dios y el demonio, eso es los tres, así como estamos nosotros aquí. Entonces primero tiene que hablar a Dios, después del Dios pedirle al Dios que nos ayude para convencer a estas personas; vamos a suponer que nosotros somos demonios que queremos llevarlo, matarlo, que se muera: después de las velas, tiene que ofrecer algo de una ofrenda para el demonio, vamos a suponer una gallina, un gallo, se lo entregan al demonio, en lugar de llevar el alma de la persona que se lleve el alma de la gallina para que así se vaya convencido el demonio o no sé, el mal, el que está causando el mal, se le da su vela y su gallina, el alma de la gallina para que quede contento y ya deje de amolar.

(diálogos en dialecto)

Traductor: Después del rezo que ya hizo, ya ofreció la vela también, ofreció la gallina con su incienso, con su altar, puede poner algunas ramas, algunas flores a donde está pidiendo el bien para el enfermo. Pero después que termine, agarra la gallina y en vez del alma de la persona enferma le va a ofrecer a la gallina o gallo, lo que sea, y lo va a agarrar, lo va a hablar limpiando la gallina en su cuerpo, diciéndole, si tiene calentura o tiene frío, le pide que salga de ese cuerpo la enfermedad y que lo lleve esa enfermedad esa gallina o gallo, pasa para limpiar la enfermedad, pasa por la espalda y se pierde, y dice si es que en realidad se va a sanar esa persona, al rato está muerta la gallina y no la comen.

(diálogos en dialecto)

Entrevistador: La llama de la vela, ¿el pukuj también la toma?, ¿es regalo para el pukuj la llama, la flama de la vela?, ¿también se ofrece?

Traductor: Esto como que si se hiciera una investigación con un juez o con un licenciado, hay choque en dos personas, por ejemplo, se están matando, qué sé yo, entonces para que se acabe ese problema se tiene que llamar a esas dos personas, el juez o la autoridad tienen que convencerlos para que no haiga ese problema. Para acabar ese problema o el rencor de las personas tienen que recibir sus regalos los dos, para que así se vayan contentas, dejan de amolar, ya habló de las velas, las velas blancas son para Dios, la vela amarilla y a colores son para el mal espíritu, para que se vaya contento y no solo va a recibir las velas él... también la gallina se entrega para que quede contento y se acabe el problema.

Entrevistador: ¿Y el muck chulelak?

(diálogos en dialecto)

Traductor: Ora entramos como en forma política, hay gentes así a lo despierto y parece que tan buena gente te ofrece un refresco, pero lo está engañando, aparenta que sí está invitado, pero no hay problema así en lo despierto, pero en el sueño está el problema, porque ahorita estamos despiertos, estamos conscientes de lo que estamos haciendo, nuestro espíritu, nuestra alma está adentro de uno, pero el problema ya después, cuando está uno durmiendo...

(interrupciones por visitas, diálogos en dialecto, comentarios de la situación)

Traductor: ¿Ustedes lo creen el sueño? ¿Lo creen ustedes? o no creen, es una pregunta que hace él, ¿no?

Entrevistador: Yo siento que hay dos tipos, que hay un tipo que es interno, o sea un tipo de sueño que viene de adentro, igual que como la imaginación, pero también hay interacciones, o sea que hay dos, no nada más hay un tipo de sueño, sino hay, yo creo que hay dos, uno interno y otro externo o mezclado.

Traductor: Dice él que ya lo sabía, que iba a tener su visita y que ya lo había visto pero en su sueño, habló del doctor Horacio, que en su sueño hace dos días, antes que viniera a San Cristóbal le dijeron: "ponte abusado porque va a tener visita, trabájale, trabájale y vas a tener visita", y se dio cuenta de ustedes, en su sueño pues, en su sueño, en su alma o en su espíritu, ya se dio cuenta que sí iban a llegar ustedes.

Entrevistador: Bueno, eso nos lleva a la tercera pregunta. Nosotros creemos que hay tiempo, ¿no?, que hay pasado y que hay futuro y que hay presente, y pensamos que eso es la realidad, como pensamos que esto es real, pero ¿no estaremos equivocados? Vamos, por lo menos yo que no tengo la cultura que tiene don Antonio, la pregunta es si en sueños se puede ver el futuro, ¿qué es lo que realmente está pasando?

(diálogos en dialecto)

Traductor: Dice que hay enfermedades de fiebres, de diarreas, de vías respiratorias, pero ya hace días ya lo había soñado y que le dijeron que tenga mucho cuidado porque va a haber muchas enfermedades de esas índoles y eso no lo había mencionado, ahora se le han presentado muchas personas de calentura en esta región, en Can Cuc, en Oxchuc, en Ocosingo, en San Pablo, en otros lugares que hay muchas enfermedades ahora, pero ya lo sabía antes.

Don Antonio: (en español) Pura gripa, pura calentura.

Otra voz: ¿Y de dónde viene la enfermedad, don Antonio, no se sabe?

Don Antonio: (en español) Por eso, ahí se nota, así se nota pues, enfermedad de Dios, castigo de Dios.

(diálogos en dialecto)

Una voz: Yo quisiera hacer una pregunta, ahorita que usted dijo eso, don Antonio, cuando la enfermedad es por voluntad de Dios, cuando es un castigo de Dios, ¿no se puede curar?

Don Antonio: (en español) Se puede más fácil, es más fácil enfermedad de Dios, si es solo castigo de Dios, puede curar. Puede soplar… pero lo que más difícil es el calor del pukuj.

(risas)

Traductor: Le estaba diciendo de esta conversación, ese sueño que ha tenido, sabe que no le va a dar tiempo para curar tantas gentes, ahora tiene la medicina preventiva, ya se juntaron con varias gentes, hoy en la noche van a tener una reunión con sus gentes, pasados, médicos tradicionales para plantar la medicina preventiva, la medicina preventiva se hace en ofrendas, en ofrendas de velas, inciensos, ramos, un poquito de refrescos, quizás algunas bebidas alcohólicas, pero no mucho, para pedirle a Dios Nuestro Señor que ya no haya tanta enfermedad; al mismo momento de hablar a Dios también al demonio que se pongan de acuerdo y que no chingue.

Una voz: ¿Y cuándo van a hacer eso? ¿Me invita, don Antonio?

Don Antonio: (en español) Muy bien. Porque así son pa que no haya enfermedades.

Una voz: Gracias, don Antonio.

Traductor: Hasta eso, yo sé sus curaciones, cuando hacen eso le llaman misha ellos.

Una voz: ¡Ah!, es la misha, van a hacer una misha especial para pedir. ¡Ah!

Traductor: Sí, pero no solo especial, le dan gracias a Dios de que vivimos, de que ya tienen su cosecha, ya tienen la comida, ya tienen maíz, ya tienen frijol. Al mismo tiempo le dan gracias a Dios por eso, pero también le piden que les dé la salud y que ya no se meta tanto el demonio para amolar, pues.

Entrevistador: Yo tengo preguntas. Cuando uno está unido, o sea cuando es igual, entonces está uno unido y se une uno, ¿lo que uno haga afecta a todos?

Traductor: No le entendí.

Entrevistador: Cuando uno está en unidad y entonces está en contacto con Dios digamos, pero no con Dios nada más, con todo, ¿lo que uno hace cambia el resto?, o sea, ¿qué influencia, don Antonio, se cree que una persona pueda tener sobre el resto, sobre otras personas?, por ejemplo, ¿puede él modificar el pensamiento?, ¿puede él modificar lo que sucede en el pueblo con su mente?, ¿qué tanta relación tiene él como persona individual con el resto?

Por ejemplo, vamos a suponer que en el pueblo había problemas, haya envidias, ¿qué tanto, don Antonio, puede modificar esto él mismo sin la ayuda de nadie y aquí sentado sin salir?

Traductor: ¿Mentalmente que si puede ayudar o atacar?

Entrevistador: No atacar, ¿qué tanto puede resolver un problema?

Traductor: Sí, sí, ya más o menos entendí.

Entrevistador: Pero directamente, en silencio, digamos.

Traductor: Le preguntamos, nada más se me vino una historia, posiblemente me decía mi padre que existieron personajes antes que se llamaban totil-medil, o sea el padre, el pastor, pero tenían poderes muy bonito, sin que se moviera, como usted dice, y viene una persona... en esa época se usaba nada más la comunicación, llegar el padre o la madre de ese enfermo, llevar unas tortillas, un pozolito, una o dos gorditas, que es lo que se utiliza en esta región, y llegar a hablar al viejito, y eso le decía el papá: "Padre, vine a hablarle, está muy mal mi hijo, que tiene esto, que tiene lo otro, que aquí tienes tu regalito". "Ya vi qué es lo que tiene tu hijo, pero no te preocupes, cuando llegues ya estará mejor". Entonces así se curaba, no llegaba el viejito en la casa del enfermo, sino que de allí mentalmente se lo curaba, a lo lejos, y hasta eso invisible, porque, ¿quién lo va a llevar? Nadie. ¿Esa era su pregunta de usted?

Entrevistador: Y en general también, ¿no? Por ejemplo, ¿qué tanto, don Antonio, puede cambiar el destino de México, por ejemplo, ¿me entiende? O sea, qué tanto una persona con poder puede modificar a una nación o al planeta, en fin, ¿cómo él siente eso?

(diálogos en dialecto)

Traductor: Es que según el tiempo, lo que va pasando. Anteriormente, dije, eso sí existió, pero actualmente ya no puede, dice, hacer eso, de curar mentalmente o arreglar nada más mentalmente a lo lejos, no puede. Pero sí dice que se puede curar a una persona que venga de San Cristóbal o de México, donde quiera, pero trayendo la ropa de la persona enferma y preguntándole el nombre de la persona para poder curar, pero de eso, nada más mentalmente, solo piensa que lo va a curar a lo lejos, ya no puede.

Una voz: ¿Ya no existe gente?, ¿no conoce a nadie?

Traductor: Ya no existe, ya no.

Entrevistador: Pues yo tengo muchas preguntas más, pero no sé si don Antonio quiera. Por ejemplo, hay una cosa que se llama sacorá, que es la unión de la existencia ¿no?, que fue cortada, yo quiero saber cómo es eso ¿no?, o sea, a mí me dijeron que había dos haxameles que

hacen la tush chihora (¡Ah!, risas) y que el ilol lo que hace es sacorá.
(diálogos en dialecto, diálogo en español sobre el tiempo disponible, interrupción de la entrevista)

Entrevistador: Él piensa que el alma está unida a Dios o es diferente de Dios, y sí existe en nosotros una sola alma. Él mencionó antes, me dijo que yo tenía un alma, pero que hay otras gentes que tienen muchas almas, ¿cómo es eso? Y ¿cómo está unida o qué relación tienen esas almas con Dios?
(diálogos en dialecto)

Traductor: Dice que las almas buenas, como usted, tienen nada más uno, está con Dios, puede estar junto con Dios. Está en su abrazo como un buen amigo y pueden hacer un montón de cosas buenas. Pero aquellas personas que tienen varias almas, eso es estar con los demonios, porque nada más tratan de hacer males, ¿sí?, y ya pueden invitar: "vamos, vamos a amolar a aquel", "vente, vente, vamos a amolar", o "vamos a echar o a tomar unas cervezas para planear, para ir a amolar", pero aquella persona que nada más tiene una, como usted la tiene, eso no es peligroso pues, para las gentes, las demás gentes, sino que está con Dios y pueden hacer cosas buenas, entonces al mismo tiempo de eso, al ver que está usted con una persona grande y buena como usted, las otras personas, la mayoría que no son buenas, entonces van a sentir como envidia, ¿por qué ese ya se juntó con aquel otro?, ¿por qué no está con nosotros?, lo chingamos.

APÉNDICE I

POTENCIALES PROVOCADOS EN ANIMALES DURANTE EL APRENDIZAJE[2]

En este apéndice se presenta un estudio experimental acerca de las relaciones entre la actividad eléctrica del cerebro de animales y el proceso de aprendizaje.

Puesto que este último implica un procesamiento complejo de la información, la hipótesis del estudio es que los potenciales provocados ante estímulos aprendidos manifiestan una similitud en sus morfologías en las diferentes zonas cerebrales, indicando con ello un incremento en la correlación cerebral, es decir, un aumento en los procesos de unificación del cerebro.

En otras palabras, que animales sometidos a un proceso de aprendizaje manifiesten una tendencia hacia estados de mayor correlación de su actividad electrofisiológica. Que lo anterior es cierto lo demuestra el siguiente experimento realizado en gatos, en el cual se observó una gran simili-

---

[2] Parte de esta sección fue publicada en: Grinberg-Zylberbaum, J., Prado Alcalá, R. y Brust Carmona, H., "Correlations of Evoked Responses", *Physiology and Behavior*, 10 (6): 1005-1009, 1973.

tud en la morfología de potenciales provocados, registrados en diferentes estructuras cerebrales en etapas sumadas de condicionamiento.

En todos los casos, el entrenamiento conductual se realizó en una cámara de reflejos semisilente, amortiguada para vibraciones, mecánica y electromagnéticamente aislada (cámara de Faraday).

En esta cámara los animales fueron enseñados a permanecer totalmente inmóviles sobre la plataforma, esperando la presentación del estímulo condicionado, luz y sonido.

Cuando el estímulo condicionado aparecía, el animal debía beber leche o regresar a la plataforma.

Resultados

Los resultados del experimento fueron los siguientes: en cinco gatos sometidos al entrenamiento conductual ante la luz verde, el registro cerebral en el núcleo caudado y en el tálamo mostró la aparición de un potencial eléctrico bifásico y en ocasiones trifásico de polaridad negativa para la primera deflexión, positiva para la segunda y negativa para la tercera (cuando esta aparecía). La latencia de este potencial fue de 80 ms en promedio, aunque variaba en proporción inversa a la intensidad del estímulo, como puede observarse en la figura 1.1. En esta figura se muestran los potenciales provocados por estímulos luminosos de diferente magnitud, observándose cómo la latencia aumenta conforme disminuye la intensidad del estímulo luminoso. Es interesante hacer notar que la magnitud de los potenciales provocados no variaba en esta misma situación de disminución en la intensidad de los estímulos condicionados. En cambio, la magnitud de los potenciales variaba, dependiendo de la etapa de entrenamiento conductual en la que se encontraban los animales. Así, durante la etapa de mantenimiento de la respuesta condicionada, la aparición y la magnitud de estos potenciales permanecía relativamente estable mientras que consecutivamente a la supresión de la aplicación del reforzamiento (extinción), los potenciales disminuían de magnitud y su aparición se hacía inconstante hasta que en la mayoría de los casos llegaban a desaparecer. Durante la etapa de recondicionamiento, las respuestas conductuales correctas y las respuestas eléctricas aumentaban en tal forma que desde la primera sesión de recondicionamiento, el porcentaje conductual y eléctrico fue de 80%. En la figura 1.2 se muestran estos cambios de amplitud en los potenciales durante la etapa de mantenimiento, extinción y recondicionamiento de la respuesta condicionada. Estas variaciones de la magnitud del potencial se correlacionaron directamente con la respuesta conductual, como puede observarse en la figura 1.3, donde se aprecia que al disminuir el número de respuestas correctas, disminuye también la constancia y la magnitud de los potenciales, en relación con la supresión del reforzamiento, para volver a aumentar después de unas cuantas aplicaciones de este. Lo descrito se observó en todos los casos y estructuras en las que se registró, a excepción de un caso en el cual no se observó la recuperación de un potencial registrado en el núcleo medio dorsal talámico durante el periodo de recondicionamiento.

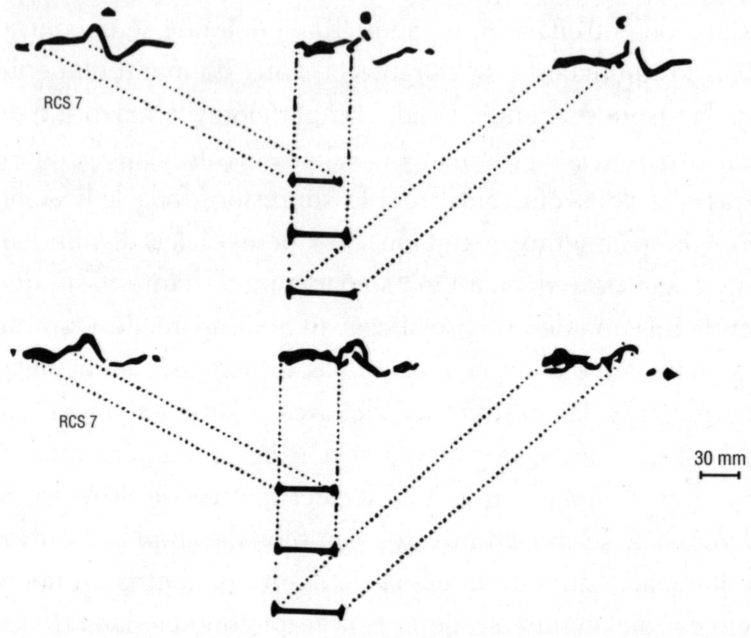

Figura 1.1. La latencia del potencial registrado en el núcleo caudado y en el tálamo va siendo mayor conforme disminuye la intensidad del estímulo luminoso. Al mismo tiempo, la magnitud de los potenciales no sufre cambio. En A la intensidad fue de 3.5 bujía-pies, en B, de 2.5 bujía-pies, y en C, de 1.5 bujía-pies.

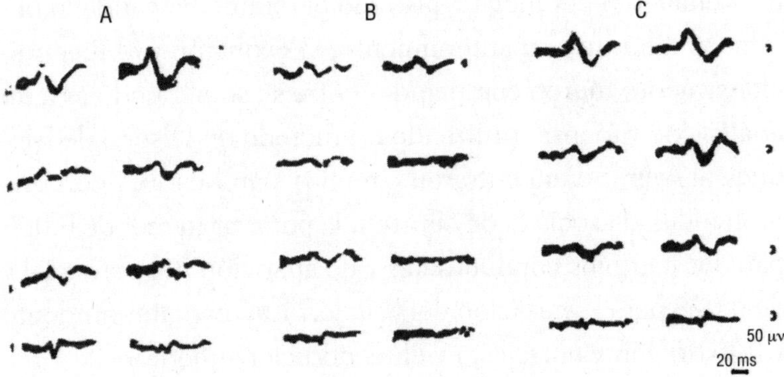

Figura 1.2. La columna A ilustra los potenciales provocados por el EC registrados en el núcleo caudado (NC) de tres gatos y en el núcleo centro mediano talámico de uno de ellos durante la etapa del mantenimiento del condicionamiento. En B dichos potenciales disminuyen o desaparecen durante la extinción y en C reaparecen concomitantemente a la reinstalación del reforzamiento. En esta y las figuras similares, cada trazo representa la suma fotográfica de cinco barridos del osciloscopio.

Las variaciones porcentuales de la conducta, aparición y del voltaje del potencial registrado en el núcleo caudado obtenidas durante el mantenimiento, la extinción y el recondicionamiento fueron comparadas entre sí, sometiéndolas a un análisis de varianza, utilizando un método de Diseño de Bloques al Azar. Se encontraron cambios significativos con una probabilidad asociada de ocurrencia por azar menor de 0.005 para los cambios conductuales y de aparición del potencial y de 0.025 para la variación del voltaje, entre el mantenimiento y la extinción y entre esta y el recondicionamiento.

Además, se investigó el grado de correlación (coeficiente de Spearman de Correlaciones de Rangos, rs) entre la conducta y la aparición del potencial, y se encontró que fluctuaba entre rs= 0.74 y rs= 0.97 siendo en todos los casos significativo estadísticamente con una probabilidad asociada de incidencia por azar menor de 0.001.

En tres sujetos con electrodos implantados previamente a la iniciación del condicionamiento, se observó que a medida que adquirían la conducta condicionada aparecían, tanto en el núcleo caudado como en el tálamo, potenciales idénticos a los registrados en los gatos anteriores.

Durante la etapa de adquisición, estos potenciales aumentaron en su constancia de aparición, aunque este aumento fue más gradual que el de las respuestas conductuales acertadas. Estos resultados se ilustran en la figura 1.4, en la cual se hallan consignados los resultados obtenidos en un sujeto con registros en el núcleo caudado y en el tálamo.

En estos gatos también se observó que durante la extinción de la respuesta condicionada, tanto la magnitud como la constancia de los potenciales disminuyen considerablemente.

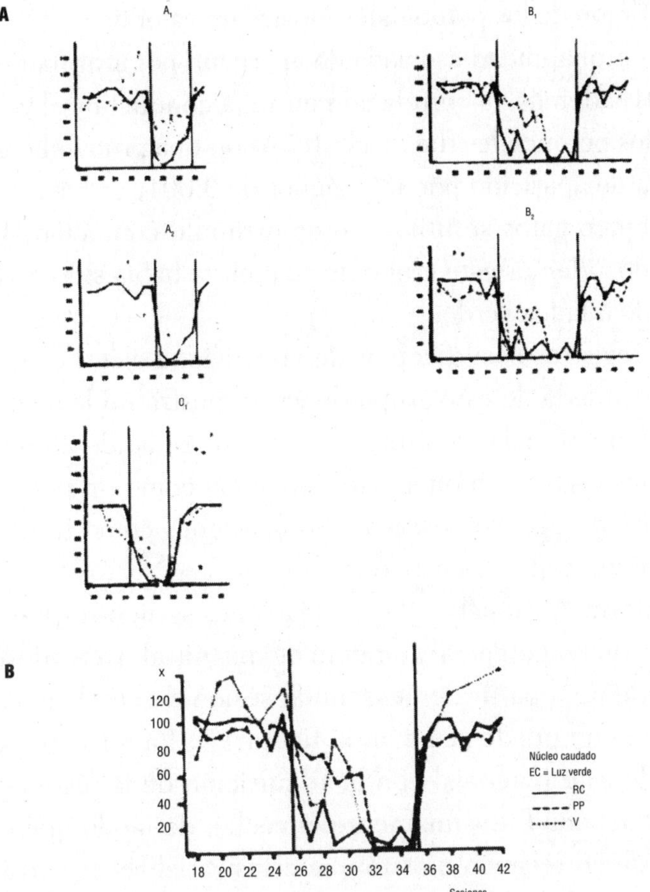

Figura 1.3. Gráficas que representan la variación en el porcentaje de respuestas conductuales correctas (línea continua); la aparición del potencial provocado en el núcleo caudado en A1, B1 y C1 y en el tálamo A2 y B2 (línea discontinua) y su voltaje (línea punteada) durante el mantenimiento, la extinción y la adquisición de una respuesta condicionada instrumental.

El análisis de la correlación entre la conducta aprendida y la aparición de los potenciales mostró un valor de rs= 0.82 con una probabilidad asociada de aparición por azar menor de 0.001, además, la correlación entre la conducta y el voltaje de los potenciales fue de rs= 0.74 con una probabilidad asociada de aparición por azar menor de 0.001.

En cinco gatos se utilizó como estímulo condicionado un sonido; además este grupo de sujetos ya había sido condicionado a la luz verde.

Los registros osciloscopios de la actividad eléctrica del núcleo caudado de este grupo de gatos mostraron la aparición de un potencial con una latencia promedio de 25 ms, que en los registros monopolares aparecía como un potencial bifásico negativo-positivo y en ocasiones como trifásico-negativo-positivo-negativo.

Conforme se repetían las asociaciones sonido-respuesta-leche, dicho potencial aumentó de magnitud haciéndose muy evidente a partir de la segunda sesión de condicionamiento, como puede verse en la figura 1.5. La relación de voltaje de este potencial con la adquisición de la respuesta condicionada fue sumamente estrecha, de modo que el análisis de correlación mostró que estas variables se correlacionaban con un índice que fluctúa entre rs= 0.98 y rs= 0.99 en los diferentes animales, con una probabilidad asociada de aparición por azar menor de 0.001. De la misma manera, la correlación de la conducta con la aparición del potencial fluctuó entre rs= 0.94 y rs= 0.99 en los diferentes animales, con una probabilidad asociada de ocurrencia por azar menor de 0.001.

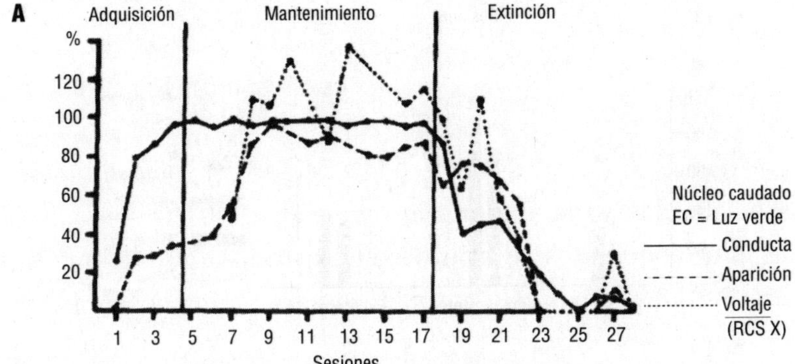

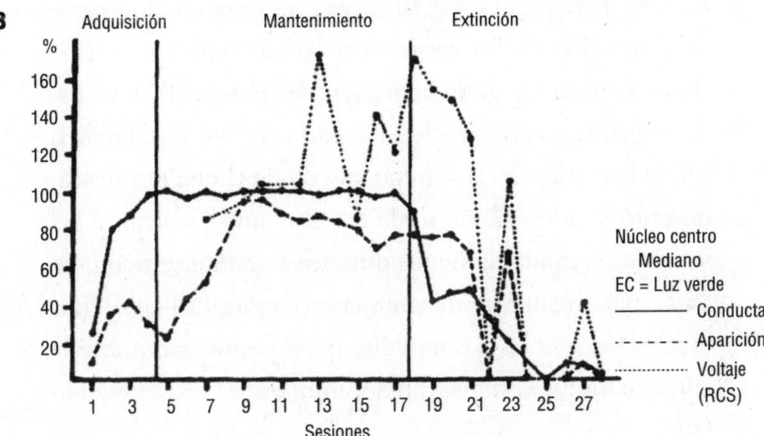

A
Adquisición
Mantenimiento
Extinción
%
120
100
80
60
40
20
1 3 5 7 9 11 13 15 17 19 21 23 25 27
Sesiones
Núcleo caudado
EC = Luz verde
Conducta
Aparición
Voltaje
(RCS X)

B
Adquisición
Mantenimiento
Extinción
%
160
140
120
100
80
60
40
20
1 3 5 7 9 11 13 15 17 19 21 23 25 27
Sesiones
Núcleo centro
Mediano
EC = Luz verde
Conducta
Aparición
Voltaje
(RCS)

Figura 1.4. AB

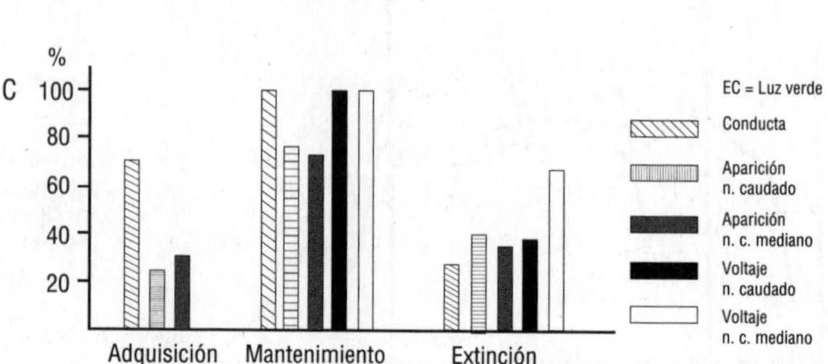

Figura 1.4. (A, B y C) Gráficas que ilustran el aumento progresivo de las respuestas conductuales correctas (línea continua), de la aparición del potencial provocado registrado en el núcleo caudado A y en el tálamo B (línea discontinua) así como su voltaje (línea punteada) durante la adquisición de la RC. Los niveles alcanzados se mantienen más o menos durante el mantenimiento de la RC para disminuir durante la extinción. Las columnas en C representan el promedio de las sesiones durante la adquisición (4 sesiones), mantenimiento (13), extinción (11).

En todos los casos en los que se registró simultáneamente actividad eléctrica del núcleo caudado y el núcleo centro mediano talámico, se notó una gran correspondencia tanto en lo que se refiere a la constancia de los potenciales registrados de ambas estructuras, como a su voltaje. En los dos sujetos pertenecientes a la condición uno se calculó el índice de correlación entre la aparición de los potenciales en las dos estructuras, obteniendo un valor de rs= 0.85 con una probabilidad asociada de aparición por azar menor de 0.0001, y entre el voltaje de los potenciales en las dos estructuras de rs= 0.97 con una probabilidad asociada de ocurrencia por azar menor de 0.001. Esta observación apoya la hipótesis de una mayor correlación de la actividad electrofisiológica correlativa con un incremento de la complejidad de la función considerada.

Observaciones cualitativas

En esta sección se describen algunos cambios conductuales difíciles de cuantificar que parecen coincidir con un considerable aumento de la magnitud de los potenciales provocados. Estos cambios conductuales ocurrieron siempre que el animal se enfrentaba a una situación de cambio o de alteración en un esquema de condicionamiento ("incertidumbre").

La primera de estas situaciones sucedió durante la primera sesión de extinción de la luz verde en dos sujetos. Durante esta sesión, al aparecer el estímulo condicionado, la primera conducta de los sujetos fue salir de la plataforma hacia el bebedero. Sin embargo, después de varias aplicaciones del estímulo sin reforzamiento, los sujetos manifestaron una conducta de voltear en dirección al foco, de la puerta, del bebedero, daban uno o dos pasos y se detenían, en otras ocasiones permanecían en la plataforma. Los potenciales provocados en esta situación sufrieron un gran aumento en su magnitud. Hacia el final de la sesión, cuando los sujetos permanecieron en la plataforma en presencia del estímulo condicionado, los potenciales empezaban a decrecer rápidamente hasta desaparecer en las subsiguientes presentaciones.

La segunda situación sucedió durante la adquisición de una inhibición condicionada. Durante la inhibición condicionada los animales aprendían a inhibir sus respuestas hasta durante un segundo ante la presentación de la luz. Si esta venía acompañada de un estímulo sonoro que se presentaba 500 ms después de la luz, no salían de la plataforma. En cambio, si no aparecía el estímulo sonoro sí salían de la plataforma. En la figura 1.6 se observan las respuestas eléctricas del núcleo caudado durante un acierto (no responder) y un error (responder) en la inhibición condicionada. En el acierto existe potencial tanto a la luz como al sonido. En el error solo se da al potencial ante la luz. Cuando el animal empezaba a adquirir la inhibición condicionada se observaron cambios conductuales muy semejantes a los de la situación de extinción; al aparecer la luz, el animal daba unos pasos, se detenía, volteaba en dirección al foco o a la bocina y en ocasiones a la puerta de la cámara. Asociada a esta conducta, la magnitud de los potenciales provocados por la luz y por el patrón luz-sonido aumentaban en forma muy evidente. En cambio, cuando el sujeto se dejaba salir ante el estímulo de inhibición condicionada (no adquiría la conducta de inhibición condicionada) los potenciales decrecían en magnitud. En la figura 1.7 se pueden observar los resultados obtenidos en un gato durante la adquisición de la inhibición condicionada y el resultante aumento en la magnitud de los potenciales provocados por la luz.

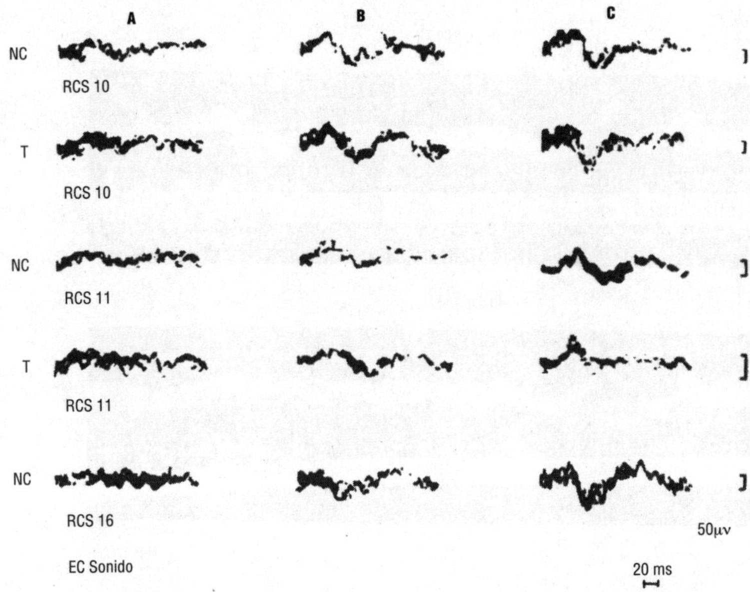

Figura 1.5. Ilustra el potencial provocado por el sonido (EC) registrado en el núcleo caudado (35), y en el tálamo (25) durante la primera (A), la segunda (B) y la tercera (C) sesión de condicionamiento.

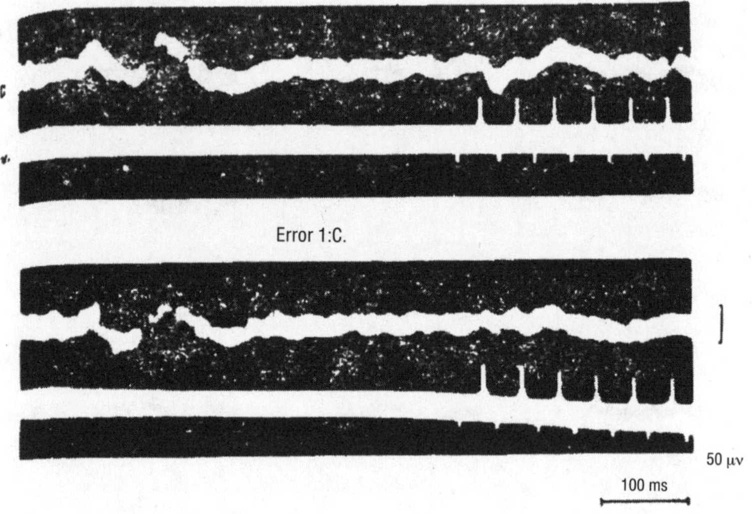

Figura 1.6. Registros de la actividad eléctrica del núcleo caudado (NC) y de las variaciones de voltaje de la celda fotoeléctrica provocados por el movimiento del gato al ir de la plataforma al bebedero (movimiento) y la aplicación del sonido (líneas verticales en movimiento). En el trazo superior se muestran cinco superposiciones osciloscópicas durante la conducta acertada en la etapa de adquisición de la inhibición condicionada. En el trazo inferior, el registro en las mismas circunstancias durante la conducta catalogada como error (salir de la plataforma) en la inhibición condicionada (las líneas verticales en movimiento están retocadas en beneficio de la claridad).

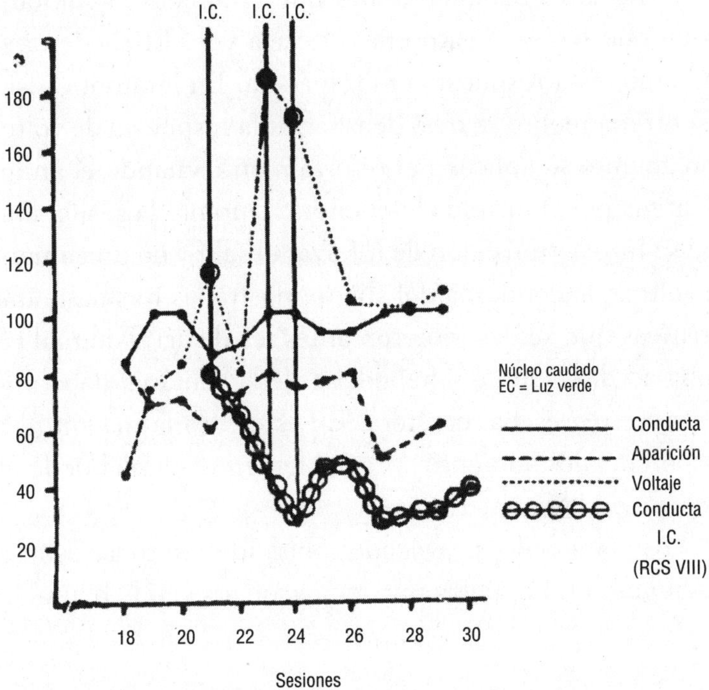

Figura 1.7. Gráfica que ilustra el mantenimiento de la respuesta condicionada ante la luz (línea continua) y la adquisición simultanea de la inhibición condicionada (línea continua con círculos). Nótese que el voltaje de los potenciales provocados por la luz (línea punteada) sufre un aumento considerable durante la iniciación y la adquisición de la inhibición condicionada.

La tercera situación ocurrió durante la adquisición de la respuesta condicionada ante el sonido en un gato. El entrenamiento conductual en este animal fue sumamente difícil, de tal forma que en las primeras sesiones de entrenamiento no se logró que el animal saliera por sí mismo de la plataforma hacia el bebedero, sino que al aplicar el sonido lo único que hacía el gato era voltear a ver el bebedero; sin embargo, esta respuesta era reforzada. En la quinta sesión de entrenamiento se dejó de reforzar la respuesta de voltear y solamente se aplicaba el reforzamiento cuando el animal se dirigía por sí mismo al bebedero. Durante la sesión en la que se hizo la transición de reforzar el salir y no únicamente de voltear, la conducta del sujeto mostró las mismas características que se describieron antes, es decir, el animal volteaba en dirección del bebedero, de la ventana, daba unos pasos, se regresaba, etcétera. En este caso la magnitud de los potenciales aumentó apreciablemente, como puede observarse en la figura 1.8.

Los potenciales provocados obtenidos en todas estas situaciones conductuales pueden observarse en la figura 1.9.

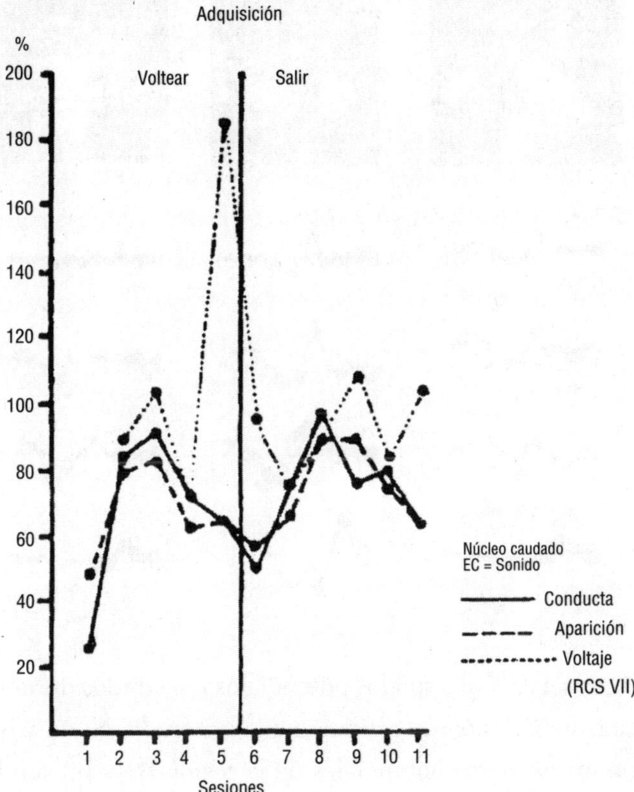

Figura 1.8. Gráfica que ilustra la adquisición de la respuesta condicionada ante el sonido en un S. La adquisición se dividió en dos etapas; en la primera se reforzaba la conducta de voltear hacia el bebedero (sesiones uno a cuatro), en la segunda se reforzaba la conducta de salir de la plataforma (sesiones seis a 11). En la sesión cinco se hizo la transferencia de la conducta de voltear a salir, observándose un aumento considerable en la magnitud del potencial provocado por el sonido (línea punteada).

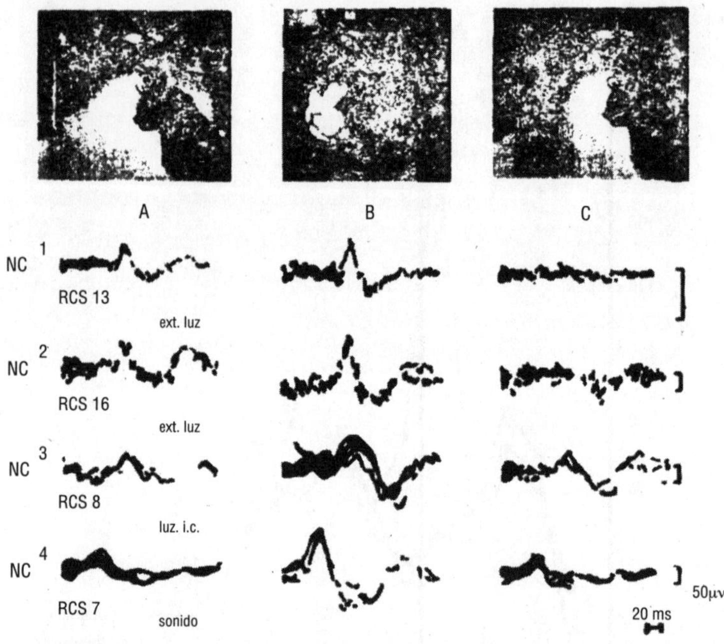

Figura 1.9. 1 y 2 son los potenciales registrados durante la primera sesión de extinción a la luz en dos S; A1 y A2 son los primeros potenciales de la sesión B1 y B2 son la porción intermedia de la misma sesión, C1 y C2 los de la última porción de la misma sesión. 3 significa los potenciales registrados durante la etapa de mantenimiento del condicionamiento a la luz. En B3 el S empezó a adquirir la inhibición condicionada y en C3, la adquisición de la IC estaba muy avanzada. 4 son los potenciales registrados durante la adquisición de la respuesta condicionada ante el sonido (EC). A 4 corresponde a la etapa de "voltear", B4 es durante la etapa de transición voltear-salir, C4 corresponde a la etapa de salir. NC= Núcleo caudado. Las fotografías en la parte superior fueron tomadas antes, durante y después de la presentación del EC.

Conclusiones

La similitud de los potenciales provocados registrados en el núcleo caudado, en el tálamo y en la corteza frontal de los animales entrenados está de acuerdo con la hipótesis que presenté al principio de esta sección, es decir que existe un incremento en la correlación de la actividad cerebral durante procesos complejos de aprendizaje.

Resultados y conclusiones similares se desprenden de los estudios experimentales del grupo de E. Roy John (1973).

El hecho de que se observara un incremento en la magnitud de los potenciales registrados durante la conducta de "incertidumbre" también está de acuerdo y refuerza la conclusión anterior.

En todo este estudio no ocurrió una condición de complejidad mayor que la que denominó "incertidumbre". El hecho de haber obtenido respuestas electrofisiológicas tan incrementadas y similares (en las estructuras estudiadas) durante esta conducta tan compleja, indica que a medida que una función se vuelve más complicada, aumenta la correlación de los elementos neuronales que la sustentan.

BIBLIOGRAFÍA

ASPECT, A., DALIBARD, J. y ROGER, G., "Phys. Rev. Lett.", *Physical Review Letters*, 49, 1982.

BEISER, A., *Conceptos de física moderna*, España: McGraw Hill, 1968.

BRUNER, J. S. y MINTURN, A. L., "Perceptual Identification and Perceptual Organization", *Journal of General Psychology*, 53, 1955.

DE CHARDIN, T., *The Phenomenon of Man*, Estados Unidos: Harper Row, 1965.

EINSTEIN, A., PODOLSKY, B. y ROSEN, N., "Phys. Rev.", *Physical Review*, 47, 1935.

GENDLING, E., "A Theory of Personality Change", *Personality Change*, Estados Unidos: John Wiley & Sons Ltd., 1964.

GRINBERG-ZYLBERBAUM, J., "Retrieval of Learned Information. A Neurophysiological Convergence Divergence Theory", *Journal of Theoretical Biology*, 56, 1976.

GRINBERG-ZYLBERBAUM, J., *El cerebro conciente*, México: Trillas, 1979.

GRINBERG-ZYLBERBAUM, J., *Psicofisiología del aprendizaje*, México: Trillas, 1980a.

GRINBERG-ZYLBERBAUM, J., "Correlativos electrofisiológicos de la experiencia subjetiva", *Enseñanza e investigación en psicología, VI (1),* 1980b.

GRINBERG-ZYLBERBAUM, J., *El espacio y la conciencia*, México: Trillas, 1981.

GRINBERG-ZYLBERBAUM, J., "Psychophysiological Correlates of Communication, Gravitation and Unity. The Syntergic Theory", *Journal of Psychophysical Systems*, 4, 1982.

GRINBERG-ZYLBERBAUM, J., *La luz angelmática*, México: Edamex, 1983.

GRINBERG-ZYLBERBAUM, J., "The Orbitals of Consciousness. A Neurosyntergic Approach to the Levels of Conscious Experience", *Journal of Psychophysical Systems*, 5, 1983.

GRINBERG-ZYLBERBAUM, J., y John, E. R., "Evoked Potentials and Concept Formation in Man", *Physiology and Behavior*, 27, 1981.

GRINBERG-ZYLBERBAUM, J., PRADO ALCALÁ, R. y BRUST-CARMONA, H., "Correlations of Evoked Potentials in the Caudate Nucleus and Conditioned Motor Responses", *Physiology and Behavior,* 10 (6), 1973.

HERNÁNDEZ PEÓN, R., JOUVET, M. y SCHERRER, H., "Auditory Potentials at Cochlear Nucleus During Acoustic Behavior", *Acta Neurológica Latinoamericana*, 3, 1957.

JOHN, E. R., "Switchboard Versus Statistical Theories of Learning and Memory", *Science*, 177, 1973.

JOHN, E. R., BARTLETT, F., SCHIMOKOCHI, M. y KLEIMAN, D., "Neural Readout from Memory", *Journal of Neurophysiology*, 36, 1973.

JOHNSTON, V. S. y CHESNEY, G. L., "Electrophysiological Correlates of Meaning", *Science*, 186, 1974.

O'CONNOR, K. P., y SFRAW, J. C., "Field Dependence, Laterality and the EEG", *Biological Psychology*, 6, 1978.

ORME JOHNSON, D. W., y HAYNES, C. T., "EEG Phase Coherence, Pure Consciousness, Creativity and TM-Siddhi Experiences", *Neuroscience*, 13, 1981.

SARFATTI, J., Comunicación personal.

WORDEN, F. G., y MARSH, B. T., "Amplitude Changes of Auditory Potentials Evoked at Cochlear Nucleus During Acoustic Habituation", EEG *Clinical Neurophysiology*, 15, 1963.

AGRADECIMIENTOS

Gracias a mi padre amado, por dejar a la humanidad este regalo tan grande en todos sus textos e investigaciones. Gracias por haber tenido el atrevimiento de ahondarse en lo más profundo y darnos con sus letras una ventana para comprender un poco más nuestra naturaleza.

Gracias por ser uno de los pioneros en la investigación científica de la conciencia.

Gracias, padre, por enseñarme tantas cosas, acompañarme y cuidarme siempre con tanto amor.

Gracias a mi madre por siempre estar presente y siempre recordar a mi padre con respeto y cariño.

Gracias a mis hijas Ixchel y Leilani, por traer dentro esa herencia llena de sabiduría. Gracias por cuidar con tanto amor el legado de su abuelo.

Gracias a Nicolás por ayudar tanto en la recuperación de la obra de mi padre.

Gracias a la música por ser un canal tan sutil de comunicación con mi padre.

Gracias a todos los amigos entrañables de Jacobo.

Gracias a la familia.

Gracias a todos los científicos que han seguido la investigación en sus laboratorios.

Gracias a la UNAM por apoyar siempre el trabajo de mi padre.

Gracias a Penguin Random House por difundir el trabajo de Jacobo Grinberg en esta nueva edición de sus libros.

Gracias a la humanidad por estar llena de luz a pesar de todo lo que hemos y estamos pasando… Somos seres hermosos, parte de este universo que lo es todo… Somos polvo de estrellas.

Gracias, padre, donde sea que te encuentres. Te amo en lo más profundo de mi ser.

ESTUSHA GRINBERG

Esta obra se terminó de imprimir
en el mes de marzo de 2026,
en los talleres de Impresora Tauro, S.A. de C.V.
Ciudad de México.